1995年ノルマンディー、
あるパティシエの原点

★アウヴランシュのゲネーさんに捧ぐ

上霜考二

エムケープランニング

à Guesnay

フランス語訳：井川國彦
写真協力©：Takaaki Ito（伊藤料理写真）

1995年ノルマンディー、あるパティシエの原点★目次

1995年ノルマンディー、あるパティシエの原点
アヴランシュのゲネーさんに捧ぐ

Normandie1995, le point de départ pour un pâtissier
Dédié à M.Guesnay d'Avranches

若き日のゲネーさん（ジルベール・ゲネーさん、撮影：筆者）

アヴランシュ市街。奥に見えるのは城壁（撮影：筆者）

フランス

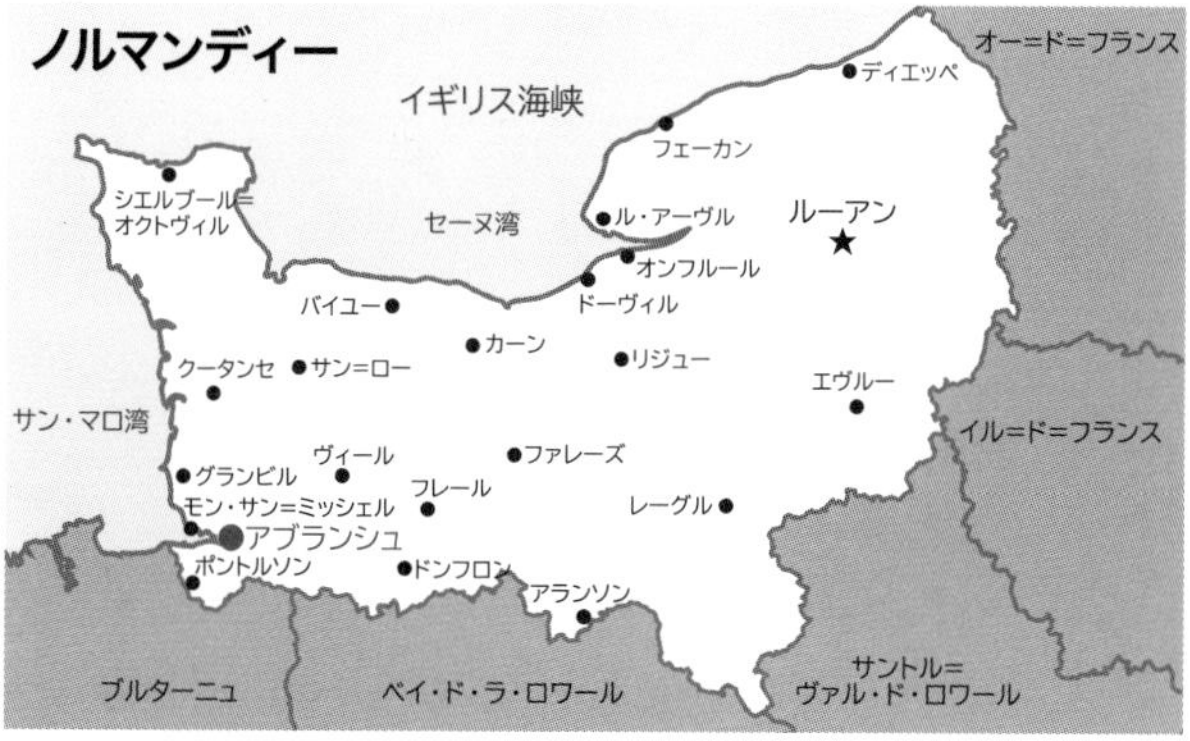
ノルマンディー
イギリス海峡
オー＝ド＝フランス
ディエッペ
フェーカン
シエルブール＝
オクトヴィル
セーヌ湾
ル・アーヴル
ルーアン
オンフルール
ドーヴィル
バイユー
カーン
リジュー
クータンセ
サン＝ロー
エヴルー
サン・マロ湾
イル＝ド＝フランス
グランビル
ヴィール
ファレーズ
フレール
モン・サン＝ミッシェル
レーグル
アブランシュ
ポントルソン
ドンフロン
アランソン
ブルターニュ
ペイ・ド・ラ・ロワール
サントル＝
ヴァル・ド・ロワール

アブランシュ市街

Boulevard Amiral Gauchet
Rue Gendrin Dumesnil
Rue Dame Jeanne Destouches
Rue de Bremesnil
Rue du Champ del'Épine
Rue Ormond
Rue d'Orléans
Rue des Saint-Anselme
Rue Vallhubert
Rue de Mortain
Rue Pendante
Rue Boudrie
Rue Morin
Rue Saint-Gervais
Rue de la Constitution
Rue Challemel Lacour
Rue des trois Rois
Rue Saint-Gaudens
Rue du Tripot
Rue du Séminaire
Rue Duhamel
Rue du Pot d'Étain
Rue d'Islande
Rue Saint-Saturnin
Rue Belle Étoile
Rue Saint-Martin
Boulevard du Maréchal Foch
Rue du Dr Gilbert
Rue du Puits Hamel

PATISSERIE
AVRANCHES GUESNAY

第1章
フランス修業時代

僕のフランス修業は、いわゆる修業ではなく学校卒業後のスタジエ(1)だった。だから、フランスで働いたという人たちにコンプレックスがある。フランスでの経験としては物足りないもので、今の僕の作るケーキたちの根幹かというとわからない。だけど、そこで出会った人々や文化やたくさんの経験が、今の僕を作っていることは確実で、それを宝物に思っている。

その自分の中での感謝と大切な想い出の証拠として、フランス時代に過ごした小さな町の名前《アヴランシュ》と自分の二人目の父と慕っている《ゲネー》の名前を店名として付けさせてもらった。

お店をオープンする数カ月前、ゲネーさんの息子のジュリアンに「ゲネーの名前をお店に使わせて欲しい」と送った時、「それは家族にとって誇らしいことだ」と返って来た時の喜びをこの文章を書きながら思い出した。

辻調グループフランス校の卒業前

スタジエに行ける人と行けない人が選別される。これは、決して成績だけで研修先やその参加が決められるわけではないみたいだ。事実、仕事がある程度出来て心の優しい僕のある友人は、研修に出られなかったのだが、優し過ぎたことが原因だったと思う。あの時、僕は彼が研修に出られないことを素直に悲しく思った。そして、自分がスタジエに出られることに驚いた。

なぜか？　僕はフランス校に入学した時点でパティシエの部門だけでなくキュイジニエを含めて最下位だったからだ。フランス語は渡航段階で、「アン、ドゥ、トワ」しかわからず、最初のメンディー先生との自己紹介すら出来ず、一週間でやっと一〇まで数えることが出来た程度だったからだ。それは、卒業前になったその時でも大して変わったわけでもなく、やはりフランス語は最下位のままだった。

では、実技の方はどうだったかというと、フランス校でなら実技はやはりフランス語が必要で、元々不器用で大した実力もないのに言葉の壁も加わり苦労したが、周りの同級生たちは、僕をたくさんフォローしてくれていた。助手の日本人の先生は、毎回メンディー先生の作り方の説明の通訳役を僕にやらせたが、はじめはとても嫌で辛くて夜ベッドで泣いていた。しかし、それがケーキの作り方、ラボでのフランス語として凄く役に立ち、先生たちの優しさだと思えるようになったのは別の意味での僕の成長だった。

研修先が決まる

研修先は、ほとんどの場合、先生が性格や成績を見て決めていくものだが、僕の場合は違っていた。

「ノルマンディーに行きたい」

かなり前から先生にアピールしていたのだが、理由はくだらないもので、渡航前によく見ていた世界遺産の番組で、モン・サン＝ミシェルを見て憧れていたというわけだった。しかし、それ以上にノルマンディーにこだわったのは、行きたかったウィーンを優先してしまい(ハプスブルク家が好き過ぎて)、ヴァカンスでノルマンディーへ行き損ねたからだった。

「ノルマンディーで研修したら、モン・サン＝ミシェルに行ける」というあまりにもケーキ作りとは関係ない理由だった。

成績を考慮してなのか、僕のフランス語能力を考えてなのか、性格を見てなのか理由はわからないが、念願のノルマンディーに行くことが決まった。

この時、僕はアヴランシュという町が、どんな場所で何があるのかまったく知らなかった。

いざ研修先へ

スタジエには、リエルグ村にある城（シャトー）から先生の車でリヨンの駅まで向かう。だから、一日に何組かが出て行くことになる（受け入れ先の都合も含めてだと思うが）。僕と同じアヴランシュの町にあるドゥヌーさんのお店で研修する同級生が、朝早くシャトーを出発した（この半年後に、猿館さん（『マ・プリエール』店主）が、ドゥヌーさんで研修したことを知ったのは二〇年後の話）。

まだ少し暗いシャトーを出る時、同級生たちが早く起きて見送ってくれた。リヨンの駅に着き、先生は心配そうに（たぶん）僕を見ていた。

「先生大丈夫、僕はもっと不安でたまらないから」

とフランス校にバスで着いた時と同じことを思った。

「なんでこんな決断をしてしまったんだろう」

同級生と電車に乗り込み、レンヌまでの直行のＴＧＶに乗った。

僕のフランス語能力は相変わらずかなり低く、一緒にいた同級生はお守りでもっと不安だっただろう。

モン・サン＝ミシェル（撮影：筆者）

この時の思い出は、電車の中が凄くクーラーが効き過ぎで寒かったことだ。レンヌに着いてローカル線に乗り換える。この後、何回かお世話になる平日四本、土日は二本しかないローカル線だ。ただ、意外に利用者は多い。モン・サン＝ミシェルに近いポントルソンの駅があるからだ。

レンヌ駅でしばらく時間を潰して、日本人としてはいささか困惑気味に、時刻通りにはなかなか来ない電車を待った。この時、何をしていたかは記憶にないが、おそらくゲネーさんに会って、なんて挨拶をしたらいいかを考えていたのだと思う。

電車に揺られ、ポントルソン・ドル・グランヴィルなどを通り過ぎる。後に当店の商品になるモン・ドルはここにある丘みたいな山から名前を採っている。

アヴランシュに着き、電車を降りる。フランスに来てから経験した、間違いなく一番ローカルな駅だった。何もない駅の駅舎を出ると、背の高い男性が一人立っていた。彼が僕たちをそれぞれの店に車で乗せて行ってくれるらしい。挨拶をすると、彼がムッシュ・ゲネーだった。二人で荷物を積んで車に乗り込む。ドゥヌーさんは？？　その時はそんなことを考えていた気がする。

駅から丘の上に登って行く。アヴランシュの町は、その丘の上にあった。

市庁舎の近くにあるパティスリーの前に止まる。ここで同級生が降りた。そこがドゥヌーさんのお店の前だった。

ゲネー家到着

そこからもう一度移動かと思ったら、一分も走らない。そう、ゲネーさんとドゥヌーさんのお店は徒歩三分もかからない。角を曲がればすぐそこにあるライバル店だった（笑）。ゲネーさんはそんなライバルの送迎も手伝ってしまう優しい人だった。店から入り、マダム・ゲネー（クリスチャン）に挨拶。ヴァンドゥース[2]のマルティンヌ、セリーヌに挨拶（余談だが、セリーヌはフランスで会った女性の中で一番可愛いかった。贔屓目なしで）。ラボに入り、ムッシュ・ジール、アポランティエ[3]のフレデリックとルドヴィックに挨拶。店の二階に案内され、そこにチョコ部屋とシャワー室があった。

「？」な僕は、さらに二個上の階にある屋根裏部屋に案内される。出窓が町の通り側にある部屋だった。ちなみに、区画の内側の部屋がスタジエ中ずっと優しくしてくれたフレデリックの部屋だった。

なぜ、チョコ部屋の横がシャワー室だったかというと、ゲネーさんのお店が繁盛店になる前、家族で二階に住んでいたかららしい。この時は、町の中心を通る通りリュコンスタシオンの市庁舎側とは反対側にあるプラーツ・パトン（ノルマンディー上陸作戦の記念碑）の近くに家を購入して住んでいた。

この後、ゲネーさんの家の方で家族とご飯を食べるらしく、それまで部屋で待つように言われた。車でゲネーさんの家に向かい、ゲネーさんに迎え入れられる。

家の中で、息子の同年代のセバスチャンとジュリアンに会う（不思議なもので、本書の企画の話をいただいて書いている時、セバスチャンが初来日している）。マダムが帰って来てご飯が出来るまでの間、セバスチャンの部屋で過ごすことになった。この家の人たちは、優しさとコミュ力に溢れていて、暖かく僕を迎え入れてくれた。

漫画をよく読むセバスチャンは、ドラゴンボールやキャプテン翼、めぞん一刻（フランスではジュリエット・ジュテーム？）の話をした。ジュリアンは、めぞん一刻のフランス語の主題歌をちょっと歌ってくれた。

ご飯の準備が出来、小さなダイニングに呼ばれる。この後、毎週日曜日のお昼は、必ずここでご飯を食べさせてもらえた。本当にありがたい体験だった。料理の内容は覚えていないが、この時思ったことと、その時の体調は覚えている。

前菜、メイン、チーズ（ノルマンディーなのでカマンベール）、お店の残りのケーキと、ちゃんとコース仕立てだったのだ。マダムの料理は、とても美味しくオシャレだった。素晴らしいフランス家庭料理が毎週食べられる。このことは、ゲネーさんのもとで働けた自分にとって、とても心の支えになり幸せであった。

そして体調だが、TGVでお腹が冷えたらしくお腹が痛かった。フランスの家庭療法か、角砂糖にパスティスを染み込ませて食べたことを覚えている。

ゲネーさんのお店、『パヴェ・デュ・ロワ』

研修開始

いよいよ研修がはじまる。知らなかったのだが、スタジエールの僕は同い年のアポランティエのフレデリックより良い扱いを受けた。もちろん、先輩のフレデリックの方が覚えている仕事の量が多く、彼から多くを教わっていた。

ジールは火曜日もお休みで（お店は月曜日定休）、火曜日はジールの取り組んでいるケーキも仕上げた。

ゲネーさんのお店のケーキは、当時パリにあった『ペルティエ』のケーキが多かった。二代目ペルティエさんとは仲が良かったらしく結婚式にも参加したと話していた。

この当時は在籍していなかったと思うが、長男のクリストフ（現在はクートンスで『パティスリー・ゲネー』というお店をやっている。僕の中ではここが本店で、東京が支店（笑））が『ペルティエ』で働いている。その後、リュ・サントノーレで雇われシェフをやって凄く繁盛して、成功したらしい。

それで、貯めたお金をもとにパリで店をやるか、出身のノルマンディーでやるか悩んだが、マダムがブルターニュ出身ということも考えてか、ブルターニュに行きやすいノルマンディーのアヴランシュのそれほど大きくない町でお店をはじめたらしい。

しばらくすると、想像以上に売上げが伸び、僕が出会った時には車はルノー一台、ベンツ一台、一軒家の家、小さな釣り用の船までもっているという成功を手に入れていた。

スタジエは、ゲネーさんの優しさのもとに順調に進んでいた。しかし、僕のフランス語能力の低さのせいで、マダムに少し嫌われはじめた。

「この子は本当にフランス語が喋れない」

と遊びに来た友人やマルティンヌに、愚痴を僕に聞こえるように言っていた。たぶん、僕がフランス語以外にもなにか迷惑をかけていたのだと思う。

ムッシュ・ゲネーが、その度にマダムを宥めてくれて、そんなことを繰り返していくうちに段々とマダムも、以前のように僕に優しく接してくれるようになっていった。

厨房で、毎日晩御飯を作る僕に、

「考二は、本当に毎日同じご飯ばかり食べている」と料理のあまり出来なかった僕に文句を言いながら、そして、出来上がりをニコニコしながらもって来て、

「さあ、ムール貝よ。食べなさい」

と言ってくれたり、ある時は段々と本当のお母さんにみたいに、

「ほら寒くなって来たでしょ」

とセバスチャンのお下がりのセーターをくれたりと、僕のスタジエは厳しさよりも優しさに溢れていた（厳しいことは忘れちゃっただけかも知れないが）。

まだ幼かった僕は、もちろんゲネーさんに態度や仕事のことで怒られていた。ジールにもよく指摘されたりした。だけど、それ以上に皆が優しくしてくれて一八年経った今では、

楽しかったことしか覚えていない。

あのこと以外は…（これはあとで書きます）。

当時のフランス

田舎町のアヴランシュで、日曜日のお昼までに晩御飯の食材を買い忘れていると大変である。日曜日の午後は、ほとんどのお店が開いていない。

もちろんスーパーも、ゲネーさんのお店も。

夜、食べる物がない。

空腹でラボの地下にある倉庫に忍び込んで（ここにはアイス部屋もあった）、冷凍庫からクロワッサン・オ・ザマンド用のクロワッサンやパン・オ・ショコラを盗んで、ショファージュ(4)で温めて食べたこともある。

毎週日曜日はゲネーさんの家でお昼ご飯と書いたが、実は違うこともある。まず思い浮かぶのは、念願のモン・サン＝ミシェルにゲネーさんが連れて行ってくれたことである。当時からモン・サン＝ミシェルは観光地だったが、今ほど観光地化されておらず、修道院の中に入っても順路や説明などの看板は少なく、その後三〇歳を超えてから訪れた時よりも神秘的な感じがあった気がする（こんなに行きたかったモン・サン＝ミシェルはトータル四回行くことが出来た）。そしてブルターニュにあるマダム・ゲネーの実家やサン・マロ、ディナン、

研修のようす。左からフレデリック、ルドヴィック、筆者、ジール

店内にて。左からマダム、セリーヌ、マルティンヌ、お手伝いさん、筆者

それからディナールで牡蠣を食べたり、アンティークぽい製品ばかりを作っている町やバイユーでタペストリー見たり、アルマンシュ、ノルマンディー上陸作戦の時の見渡す限りのアメリカ兵のお墓、銅製品ばかりの町、色々なところへ連れて行ってもらった。

この時も僕のフランス語能力の低さのせいで、時間が噛み合わず置いて行かれたこともあったが、たぶん他の誰も出来ない体験をしていたと思う。

クリスマス

家でパーティー。皆んなでプレゼントを開けて楽しんだ。僕は小遣いをもらったりした。アヴランシュの町は、小さい町ながらライトアップされていた。この時、レンヌの町のライトアップの話をゲネーさんとしていて、行って来ていいぞと言われたが、さすがに仕事をした。忙しく働いているのに、

「スタジエールなんだから行っていいんだ」

と言ってくれたゲネーさんは凄いなと思った。

クリスマス。フランスではNoëlだ。ノエルは、お店で普段売っているケーキが全部ビッシュ・ド・ノエルになった。内容が同じなのが面白かった。

今の自分のお店では、クリスマスはクリスマスのケーキを作っているが、この時のゲネーさんのお店（この時代のフランスのお店の典型かな?）は、お店のケーキがそのままビッシュに

なっていた。それがエシェール(5)にツメツメに並び、ショーケースもすべてビッシュ。なんか楽しくなって来ちゃうんです。

フレデリックとルドヴィックと三人で、テーブルに並ぶゲネーさんが切ったビッシュを仕上げつづけた。ずーっと同じことをしている。教会近くのパティスリーのアポランティエが、何かを借りに来たのを覚えている。そのアポランティエは忙しいと言っていたが、そのお店のケーキを仕上げている台数はゲネーの一〇分一くらいだった。

アヴランシュの町のパティスリーは、やはりゲネーさんとドゥヌーさんの二人の店が繁盛していた（ライバル同士がジルベールという同じ名前なのが面白かった）。

ドゥヌーさんのお店の出身者には、フランス人も日本人も有名人がいる。ゲネーさんのお店の研修生で今も何をしているのかわかっているのは、一人目と二人目の専門学校の先生と僕だけと、少し寂しい。

激しくケーキを仕上げつづけた日々が終わる時、店舗で働くマダム・ゲネー、マルティンヌ、セリーヌ、お手伝いの誰かわからない人、女性陣は大奮闘。すべてのビッシュを売り切っていた。二五日が終わり、夜は家族で集まるのがフランスの当たり前。二四日の夜は、セバスチャンは夜通し踊っていたらしい。ゲネーさんの家に呼ばれ、家でパーティー。食事はいつも通りだが、いつも通り美味しい。家族にクリスマスプレゼントが贈られ、僕もマダムから五〇〇フランもらった思い出がある。

ノエルの夜に、家族と食事をして暖炉の横に座ってテレビを見ながら会話をしている。

それは、フランスで経験した唯一のノエルだった。

お正月、阪神淡路大震災

一応、スーツなんて着てゲネーさんの家に行ったりしてみた。

「どうしたんだ?」

て、聞かれちゃいましたが…。

年が明けて二日から仕事をしてしばらく経ち、あと二カ月位でスタジエが終わってしまうと寂しい気持ちでいた頃、毎朝鳴っているラジオからニュースが流れた。

「トラブルモン・ド・テール」

よくわからない単語をゲネーさんが言って来る。

「神戸でトラブルモン・ド・テールだ」

ポケットの辞書をゲネーさんがとって慌てて開いた。

《地震》

「神戸で地震?!?」

僕の出身地は西宮だ。

地震は、関西ではあまりない。当時の日本人は、そんな認識だったと思う。

「凄く大変なんだ。電話しろ！」

お店の電話をもって来てゲネーさんは僕にかけさせた（当時、国際電話料金はとても高かった）。なぜかその時、凄く運が良かったのか簡単に実家に電話がつながった。

「皆、大丈夫？」

慌ただしくそれだけ話して電話を切った。

「家族は大丈夫みたい」

と伝えた後も、ラジオからは被害状況が流れていてさすがに心配になった僕は、お昼休みにいつもの公衆電話から家にかけてみたが、回線が不通でつながらなかった。ドゥヌーで研修している同級生も心配してくれ町で声をかけてくれたが、なんと応えていいかわからず、すぐに別れた。

お昼休みを終えて、仕事をしていると、

「仕事が終わったら家に来い」

とゲネーさんに言われた。ゲネーさんの家に行くといつもの暖炉の横に座らされ、テレビを付けた。その画面には戦争でも起こったのかと思うほど、神戸の町が燃えている光景が映っていた。ゲネーさんが電話を差し出して電話をするように促して来た。

「もしもし…」

この時も運良く一回でつながった。

「おかん、大丈夫か？」

「これから大阪のお爺ちゃんの家に避難するから」

「そうなんや、みんな無事で良かった。ゲネーさんが電話するように言ってくれて」

「横にゲネーさんおるの？　ボンジュール」

電話のスピーカーをオンにしていたので、周りのゲネーさんたちにも聞こえた。そのおかんの明るい声に、ゲネーさんたちも安堵したみたいだった。この時は自分の母親の強さを知った時ですね。

家は半壊

その時の自宅は、修繕出来るかわからない状況。僕は映像でしか知らないが、近くの高速道路は倒れ、僕の通っていた学校や公園は後に仮設住宅になり、道路はボロボロ。僕がよく通っていた場所が遺体置場になっていたり、実家の周りの古い市場はそのままなくなってしまった。

おとんは落ち込み、

「もうあの家には住まない」

と言いはじめ、兄は僕の漫画の本棚が倒れて来て死にかけたと…。液状化現象で庭や床下はグチャグチャ。

両親は無事にお爺ちゃんの家に避難して、しばらくは運転中だったJRを使い遠距離通勤をしていた。それでも、会社も家族も無事だった我が家は恵まれていたと思う。

少し元気になったおとんは、

「布団があって毎日お風呂に入れる。こんな生活が出来ている自分は幸せだ」

と言っていた。その時、

「研修は最後までやって来い。こっちは大丈夫だ。最後までしっかり楽しんで来い」

と親と親戚一同に支えられながら、僕はフランス生活をつづけることが出来た。

この時、親戚もお金を出してくれた。

いよいよ帰国

この頃、さすがに帰らなきゃいけないという気持ちがあったと同時に、ゲネー一家と離れる寂しさも強くあった。ゲネー一家は、スタジエ終了よりもやや早くヴァカンスに入るらしく僕も一人旅に出ることにした。

ムッシュ・ゲネーに車で駅に連れて行ってもらい切符を買った。

パリへ。

この時までまともにパリを観光したことがなく、田舎のフランスしか知らない僕が、勇気を出して五時間電車に揺られたのである。駅で見送ってくれたムッシュ・ゲネー。見え

パリの少年に撮影してもらった一枚

なくなって席に着いた僕は、しばらく泣いていた。

パリに着くと、すでに夕方でどこのホテルに泊まったか記憶もあまりない。一泊だけのパリだったと思うが、エッフェル塔に登ったり、町中で少年に写真を撮ってもらったり、観光客の日本語が嬉しかったことを覚えている。

またまた五時間揺られて、ストラスブールへ。

ストラスブールでは、同級生が研修している先の部屋に泊めてもらった。二月の極寒。なかなかお湯が出ないシャワー。水で浴びてやった。

現地で食べたシュークルート。ボリューミーで美味しかった。

ここからリヨンへまた五時間。同級生の家に泊めてもらい少し遊び、学校へ。

帰国の飛行機

リヨンからパリへ。

パリから離陸し日本へ。出発は伊丹からだったが、到着は完成した関空へ。空港に着くと高校の同級生たちが、元気に迎えに来てくれていた。

関空から西宮に向かう高速道路から見える光景は、瓦礫の山だった。

ただ、ただ、瓦礫の山があった記憶。

家に着くと中にはあまり入れず、床の修繕も仮だったと思う。庭は液状化現象で砂っぽかった。それでも一カ月以上経った町は、かなりマシになっているのだと感じた。目の前にいる友人たちは、相当悲惨な光景を目にしたというのに、笑顔を僕に向けてくれていたのだとありがたかった。

結局、僕は実家にこの後一度も住むことはなく、大阪のお爺ちゃんの家に両親、兄と共に暮らした。

就職活動をはじめたが、関西ではとてもじゃないが就職先は少なく、僕は父の反対を押し切って東京に出ることを決意した。あんなことがあった後の父は、家族一緒に暮らしたかったのだと思う。申し訳ないことをしたと思う。しかし、その時の決断が今の僕を作っている。

もちろん、東京で一人暮らしをはじめた初日は、

「なんでこんな決断をしてしまったのだろう」だったが…。

スタジエに出られたこと、スタジエでゲネー一家と仲良くなれたこと、色々な困難を乗り越えるために不器用な自分は、ただ目の前のことに努力すること、それが自分に出来る打開策であること。そんな単純なことを知ることが出来たのが、僕の最大の収穫だったと思う。

PATISSERIE
AVRANCHES GUESNAY

第2章
Collection d'œuvres

最高に努力して完成した味が
一週間後にはもっと美味しくなるか
考えている

Je me demande si le goût que je me suis efforcé de perfectionner sera encore meilleur une semaine plus tard.

タルト ショコラ シトロン プラリネ／Tarte chocolat praliné citron

味わいと香りのすべてが重なり合って
五感すべてを刺激出来た時
最高の完成なのだと思う

Quand toutes les saveurs et tous les arômes se superposent et stimulent tous les sens,je pense que c'est la plus grande perfection.

ムース オ ショコラ ノワゼット／ Mousse au chocolat noisette

僕だけの香りが演出出来た時
それが職人としての喜びになる

Lorsque mon parfum unique a été réalisé, c'est la joie d'être un artisan.

キャレ マロン／Carré maron

ふと思い出した時　それが僕のケーキで
変わらない美味しさと変わりつづける美味しさ
そのことをずっと考えている

Quand j'ai soudain repris mes esprits, mon gâteau n'est rien d'autre que mon gâteau.
Des goûts qui ne changent jamais et des goûts qui changent constamment.
J'y pense tout le temps.

ムース カマンベール／ Mouse camembert

色々な人との出会いが
色々な味との出会いにつながり
イロトリドリのケーキを作り出す

Les rencontres avec des personnes différentes
conduisent à des rencontres avec des saveurs
différentes, créant ainsi des gâteaux colorés.

グリオッタン／ Griottan

点と点が結びつかなくても
美味しければそれがいい

Même si vous ne pouvez pas relier le point au point,
Si le goût est bon, qu'il en soit ainsi.

タルト オ フリュイ／ Tarte aux fruits

意地張って踏ん張って強がってここに立つ

Têtu, imperturbable, déterminé, je me tiens ici.

ギモーヴ／Gimauve

僕は自分を人と比べてはいけない
でも人と比べられなければならない

Je ne dois pas me comparer aux autres.
Mais je dois être comparé à d'autres.

ケーク オ テ フランボワーズ／Gâteau au thé framboise

目指した未来になっても
まだ悩みつづける日々

Même si les idéaux que je m'étais fixés ont été atteints, j'ai encore des jours d'inquiétude devant moi.

プレッツェル／ Bretzel

ゆっくりと溶けてゆくショコラ
香りが強くなり理性も溶けて
もう一口
それが理想

Chocolats fondant lentement
L'arôme s'intensifie et la raison se dissipe.
Vous serez tenté d'en reprendre un autre.
Ce serait l'idéal.

ボンボン ショコラ／Chocolat au bonbons

世の中結果がすべてだけど
人の心は結果だけでまわっているわけじゃない
みんなその過程を見て
その人を評価しているんだ

Le monde est axé sur les résultats.
Mais le cœur des gens n'est pas seulement motivé par les résultats.
Les gens regardent le processus et évaluent la personne.

ムラング シャンティ ピニャ コラーダ／ Murang shanti pina colada

僕を　僕のケーキを見つけてくれて
ありがとうございます

Merci de m'avoir trouvée, moi et mes gâteaux !

フレザリア／ Fraisalia

夢にしがみつく勇気

Le courage de ne jamais abandonner ses rêves

マカロン ピスターシュ／ Macaron pistaches

ずっとコレだけと思って来たから
トゲトゲの道をわざと歩くのだ

Ayant toujours cru que c'est la seule voie possible,
J'emprunte volontairement un chemin plein d'épines.

アン ノワイヨ／ Un noyau

僕の一番のお客様は従業員だ
自分ひとりでシェフになったわけじゃない
お客様が　スタッフが
僕をシェフにしてくれたのだ

Mon premier client ce sont mes employés.
Je ne suis pas devenu chef tout seul.
Mes clients et mon personnel ont fait de moi un chef.

アルブル ルージュ／Arbre rouge

誰かを羨むなんて馬鹿げている
やりたいことをやれているのに

Envier qui que ce soit serait ridicule,
Puisque je fais ce que j’ai envie de faire.

アンベリール／Embelir

間違っているからこそ美味しい時がある
まだまだ未熟な自分を知る

Parfois, ce sont les erreurs que l'on commet qui
font que le goût est si bon.
Je sais que je suis encore un travail en cours.

フルリール／ Fleurir

食べてなくなるモノを作っているのだけど
何かを残したい

Bien que je fasse des choses vouées à être consommées , je veux laisser quelque chose derrière moi.

ウィエブロン／ Wiebron

どんなに手を抜いても
ミスが見えないようにしても
明日はやって来るのだから
少しでも完成に近づけよう

Peu importe le nombre de coins que vous coupez,
peu importe le nombre d'erreurs que vous cachez,
demain sera un autre jour.
Alors je veux faire en sorte de me rapprocher le plus possible de la perfection.

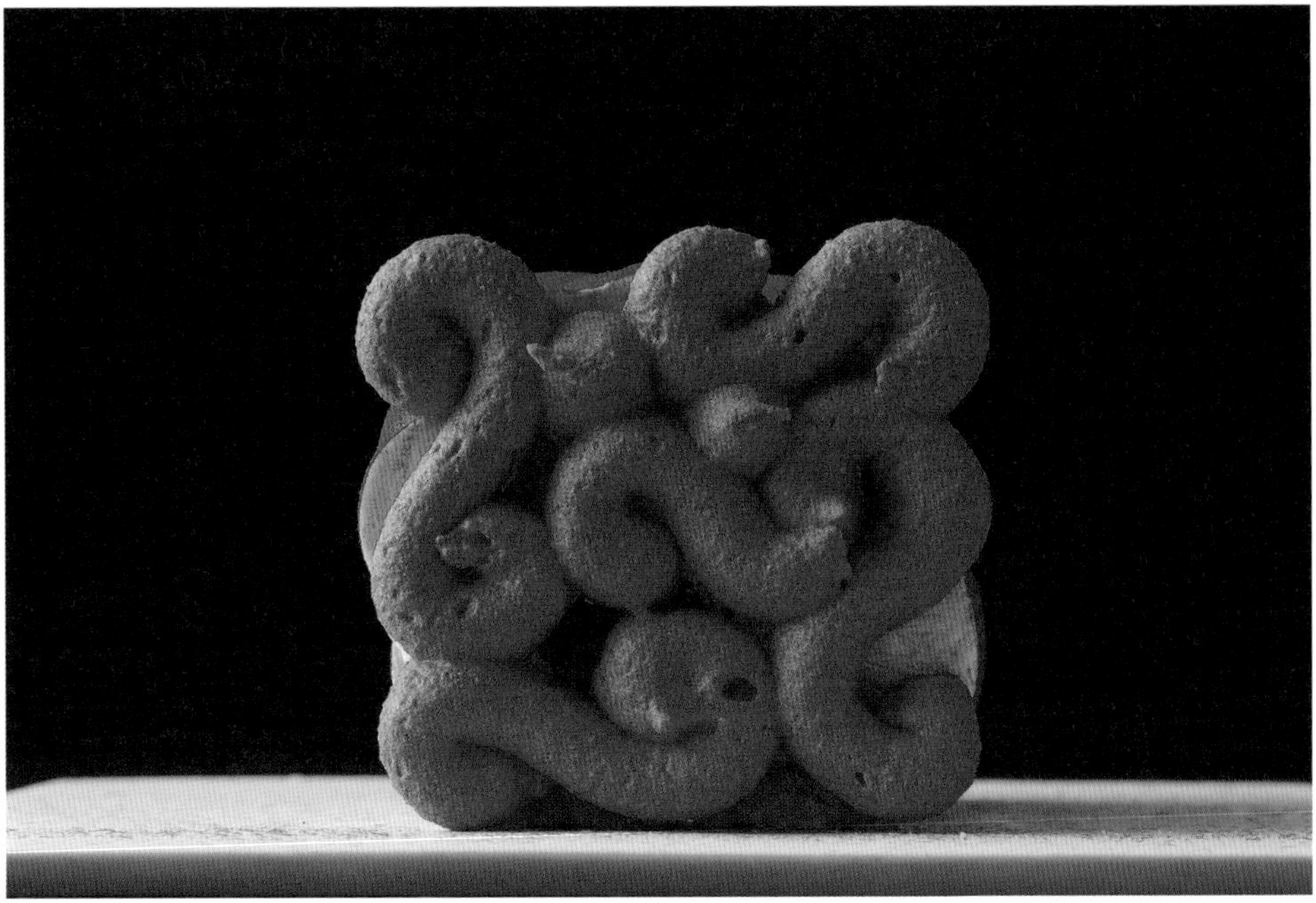

ヴァネッサ／ Vanessa

後悔を隠すために
「満足した」とは言いたくない

Je ne veux pas prétendre « être satisfait » pour cacher mes regrets.

アウクセシア／Auxésia

PATISSERIE
AVRANCHES GUESNAY

第3章
アヴランシュ・ゲネー開店までのこと

フランス貧乏旅行

初めて働いたホテルを辞め、僕は友人と二カ月間のバックパッカーの旅に出た。この退職が正しかったとは、今では思わない。もっと学ぶことはあったと思う。しかし、この二カ月は僕の人生にとってとても大事な出来事でいっぱいだったと思う。

価値観が変わり、成長するための目標がぼんやり見えたのはこの時だと思う。行きと帰りの飛行機チケット。ユーレイル[6]パスを二カ月分。途中の2フライト。それだけを決めて、当時、ヨーロッパに一番安く行けたブリュッセルへ。友人は初のヨーロッパ。僕は二度目。フランス語は前回の渡仏よりも忘れている。しかし、この友人との出会いが、僕を変えたと言っても何も間違いではない。僕一人だったら、口で言っていただけで、この二カ月の旅行は実行に移されなかっただろう。

初めて働いたホテルで全部に関わりをもたせてもらったお陰で、レベルは低くとも一通りはこなせるようになっていた。このままでは調子に乗ってしまうと考えていた僕は、フランスへの憧れが強くなっていた。普通の人ならここで、フランス修業に行こうと思うのだろうが、大した勇気ももっていない僕は、

「取り敢えず二カ月旅行してみて、運良く働き口があったら働いてみよう」

それくらいの気持ちでいた。

その当時は、フランスで働くことは難しくなっている時ではあったが、それでも働いている人たちがいたのだから、なんとかなると思っていた。僕はかなり甘かったのだろう。そして、この二カ月の旅行でさえも、口には出していたが自分ひとりでは実行されなかったと思う。友人は、僕が発したヨーロッパ旅行の言葉に乗っかり、僕にハッパをかけた。ホテルを辞めて、貯金が足りなかった僕は、深夜の谷中墓地近くで、赤く光る棒を振って工事現場にいた。あまり稼げはしなかったものの、この時に知ったのは地道に働くことが一番お金を貯められるということだ。

夜中に働き、昼夜逆転して働くことは、身体も精神も僕には合っていなかったみたいだ。それでも頑張って目標金額を貯めて、初夏の日本を成田空港から飛び立った。

この時の旅の話は、日記もあり読めばいろいろと思い出して書けると思うが、今回はゲネーさんとの話を書いていきたいと思う。

当時、ゲネーさんと連絡を取る方法は手紙か固定電話だった。メッセンジャーもInstagramもなかった（Eメールはあったのかな?・）。たぶん、ショートメールだけだったと

思う。海外旅行で携帯を使うことなど、あり得なかったと思う。

旅に出る前に、

《いついつにそちらに行きます。貧乏旅行なので泊めて下さい》

そんなクダラナイ自分勝手な内容の手紙を送った。

ゲネー家に着いた時、それを読み返してジュリアンは笑っていた。前回、ノルマンディーを離れた時と反対向きの電車に乗った。

グランヴィルへ。

ここは、辻フランス校で数回授業をしてくれたボゲ先生の住んでいる場所だ。ゲネーさんのところでの研修中、一度訪ねて来てくれたことを覚えている。

グランヴィルに着いて、どの町に着いてもおこなう、同じことからはじめる。

ホテル探し。

出来る限り安くて良いホテル。なかなか難しいことだが、必要なことであった。一日一万円の予算。夜行列車に乗って浮かせたり、あまったお金でご飯を食べる。基本のご飯はバケットにパテ。りんごを丸齧りする。

美味しい物を食べるためには、経費を浮かせなければならない。この日は到着が夕方で、早く宿を決めなくてはならなかったため、駅近くの宿に早々に決めた。

海辺を散歩する。

この辺りは、モン・サン＝ミシェルに近く潮の満ち引きが大きい。なので潮が引いた場所にコンクリートの囲いが出て来る。グランヴィルは、そこがプールになっていた。子供たちが楽しそうに飛び込んでいた。僕たちは、それを眺めながらバケットを齧っていた。

次の日の朝、バスでアヴランシュへ移動する。この時、僕たち二人は、迷うことや一〇時間位ボーっと過ごすことが平気になっていた。

バスで移動することも経験ないことだったが、運転手にアヴランシュに行くかだけを確認して乗り込んだ。電車で行くことも可能だったのに、この時なぜ電車にしなかったかは覚えていない。けれども、バスだったことだけは覚えている。

丘に登る坂道。

バスがたどり着いたのは、たぶん、市庁舎の近くだったと思う。アヴランシュは夏の時期、観光客が多い。ノルマンディー上陸作戦の記念碑があること。そして、それ以上に実は有名な物がある。

《頭部に穴の空いた金色の骸骨》

皆、あまり知らないが、アヴランシュの司教オベールが大天使ミカエルのお告げを受けて、モン・サン＝ミシェルを造ったのだ（頭部の穴は、なかなかお告げを真に受けないオベールに業を煮やしたミカエルが指であけたものだ）。

自分が知らない夏のアヴランシュ。ゲネーさんのお店の前では、アイスクリームが販売

アヴランシュ市庁舎（撮影：筆者）

ノルマンディー上陸作戦の記念碑（撮影：筆者）

されていた。店に入り、マルティンヌと目が合う。僕とは挨拶もせず、ゲネーさんを呼びに中に入っていった。

久しぶりのムッシュ・ゲネー、ジール、マダム・ゲネー。

僕は嬉しさが爆発したが、言葉はまったく出て来ない。この時もフランス語はまったくだめだった。しかし、僕の友人のコミュ力は凄い。言葉がなくてもガンガンしゃべって、マダムに気に入られてしまう。

ヨーロッパを歩き回って、靴に穴があいた友人。マダムは、隣の靴屋さんリュリューのところに友人を連れて行き、靴を購入。友人は、親指がほぼ見えていた靴を新しい物に代えてもらえたのだ。

その後も友人は、とどまるところを知らなかった。約一週間ゲネーさんの家に泊まった僕たちだが、クリストフの娘と息子、つまりムッシュ・ゲネーの孫二人とも仲良くなり遊びまわり、よく食べることが料理好きのマダム・ゲネーに喜ばれ、魚を一人で大量に食べたりと、とにかく気に入られていた。

そこで、僕は悪い病気を発症した。理由は覚えていないが、拗ねたのだ。友人はとても困っていたと思う。二人で蚤の市に出かけて、僕の大好きなガレットソーシス(7)を食べる。ゲネーの息子二人と町のプールに行く。

常に拗ねていた。

ゲネー家の居間で。後方左からセバスチャン、筆者。犬を抱いているのはジュリアン

友人のとった行動は、突然、僕の伸び切った髪をゲネー家の庭で散髪しだしたのだ。僕は逃げることも出来ず、会話をしながら、仲直りをした。友人は何も悪くないのに。

この時、ムッシュ・ゲネーは、僕にとって三度目のモン・サン＝ミシェルに連れて行ってくれた。カンの町に行ったり、ディナンで時期外れの牡蠣を食べたりした。ここでは同じく潮の満ち引きを使って牡蠣が養殖されていた。プールよりは遥かに小さなコンクリートの囲いがたくさんあって、潮が引くとその中で牡蠣が養殖されていた。

「今の時期は美味しくないから食べない」

とムッシュ・ゲネーに言われながらも、僕たちは食べたことを覚えている。

サン・マロでは大き過ぎるフラン(8)を食べた。カンではノルマンディー上陸作戦の大きなミュージアムがあったが、そこへは行かず町を散策した。

たった一週間の滞在。ムッシュ・ゲネーは仕事もしている。その仕事終わりに色々連れて行ってくれた。セバスチャンは、レンヌに連れて行ってくれた。ほんとうに暖かく優しい人たちに、僕は恵まれていた。

友人は、ムッシュ・ゲネーと蕎麦粉のガレットを焼いて、マダムが帰宅すると中に入れるガルニチュール(9)を用意する。家族が揃うと、ガレットとシードルで昼食。

これだけの経験をさせてくれたこの家族に、僕はまだ恩返しが出来ていない。

パリの安い定宿に戻る時、友人は、またバケットとパテの生活に戻ることを思い、凄く悲しそうにしていた。この時が、僕がアヴランシュのパティスリー・ゲネー《パヴェ・デュ・ロワ》を見た最後だった。

数年後、マダム・ゲネーと電話で話した時、ムッシュ・ゲネーが身体を壊したことを聞いた。快復した後も、運動としてモン・サン＝ミッシェルの周りを歩いていたことを、更に数年後にフランスを旅した時に聞いた。

ゲネー夫妻の家を訪ね、一緒にアヴランシュに行って、車で店の前を通り過ぎた。ゲネーがあった場所は、銀行になっていた。いつもモン・サン＝ミッシェルを眺めていた公園に行き、ガレット・ソーシスを買って、モン・サン＝ミッシェルへ行った。ゲネー夫妻とモン・サン＝ミッシェルの周りを歩きながら、色々な話をした。レンヌの町に一緒に行き、僕の泊まるホテルが大丈夫か母親のようにチェックして、二人と別れた。

その後、スマホで映像を見ながら話したことは何度かあるが、会えてはいない。今の店でシブースト[10]を作る時、ミュスカディンヌ[11]を作る時、ゲネーでの仕事を思い出す。

週末に、あり得ないほど売れていくタルト・ポンム・スフレ（シブースト）、フィユタージュ[12]にリンゴのコンポート。バター、バニラを入れて焼き、ただクレーム・シブーストをのせたキャラメリゼ。シンプルだが、今でもちゃんと美味しい。今はお休みしているが、必ずまた販売したい。

バレンタインで、必ず作るミュスカディンヌ。若い頃はノルマンディーから送られて来

アヴランシュ再訪。ゲネー夫妻と

ていたが、今度はこちらからフランスに送りたい。そしていつか、またサン＝ジャン・ド・モンの外れ、ブリンヌ[13]の家を訪ねてマダム・ゲネーのご飯を食べたい。

場所は変わってしまったが、あの夫妻にぼくの原点の一つが確実にあるのだから。

お店を出すなら文京区

僕の文京区との出会いは二〇歳、上京してすぐのことだった。

東京に来て初めて働いた職場は、竹芝にオープンするホテルだった。面接の時は建物も完成しておらず、どこかの準備室で面接を受けたことを覚えている。

足立区千住の隅田川沿いに家を借りて住んでいたが、周りに誰も知っている人はいない。東京に数人の友人はいたが、レストランで働いていたり、僕の仕事が終わるのが遅かったりで、なかなか会うことはなかった。

ホテルで働きだし、開業前のホテルで同世代と楽しく過ごしていたが、まだこの時は仕事終わりや休みの日に遊ぶこともなく、休日はただ一人、窓から隅田川を眺めていた。休日は誰とも喋ることがなかったせいか、毎日行くコンビニの店員さんとのちょっとした会話に喜びを感じていた。

ホテルのオープンが近づくにつれて、仕事が忙しくなり、家に帰れない日も出て来た。まだ全然戦力になれていなかった僕は、三番手の人に嫌われてしまい、ことあるごとに怒られシェフにも手が遅い、要領が悪いと言われていた。

それでも自分に出来ることは、やはりただ頑張ることだった。早く出勤して自分の手の遅さをカバーしたり、遅くまで残って練習したりしているうちに、スーシェフ(14)が僕に優しくなりはじめた。この人は、同世代の女性陣にはちょっと嫌われていたが、仕事は丁寧でシェフからの信頼は厚かったと思う。

ある時、相変わらずシェフと二番手に怒られているのにスーシェフに怒られなくなったことを疑問に思って、

「なんで、○○さんは最近ぼくを怒らなくなったんですか?」

と聞いてみた。

すると、

「すでに頑張っていて、今以上に頑張りようがないのだから、怒る必要はない」

と言ってくれた。その言葉で努力をつづけることが出来るようになり、シェフもとくに何も言わなくなって来た。

三番手には依然嫌われていたが、オープンしてしばらく経ち、ある時、僕の二〇歳くらい年上のアルバイトのおじさんが入って来た。

この人との出会いは、その後の僕のモノづくりへの姿勢に変化を与えたと思う。職人気質に物を作るその人は、ジェノワーズ(15)一つにも、ものの焼き方やすべてに自分のこだわ

りをもっていた。あまりの忙しさに大雑把に物を作ってしまっていた僕は、本来のモノづくりの楽しさを再認識させてもらった。

どんどんその人の魅力にのめり込んでいき、休憩時間も一緒に過ごして付きまとっていると、ある日、その人から一週間入院すると聞いた。僕は人が入院したら、面会に行くのが当たり前と思っていたので、新宿の病院に、ある漫画の全巻セットを買って訪ねることにした。そのことがその人にとっては、心に残ったらしく僕たちは歳の差はあったのにもかかわらず､距離は縮まり休みの日も遊ぶようになった。東京体育館のプールで泳いだり、ケーキ屋さんに行ったり、そして僕がお好み焼きを好きなことを知ると、彼の家の近所にあるお好み焼き屋さんに行くようになった。

食事が終わって時間が遅くなったら家に泊めてもらい、朝はそこから出勤ということもあった。ある時は、自転車で二人乗りしていて、警察官に、

「親子で仲がいいのはいいけど、二人乗りはダメだよ」

と怒られたりして、その時は二人で笑った。

そんな生活をしていて、ホテルを辞めた後も、その人との交流はつづき、度々家に遊びに行ったりした。

ホテルで働いていた時、僕が一番好きだった町は、渋谷でも銀座でも池袋でも青山でもなく、その人と過ごした文京区だった。山手線の中にあるのに、一本裏道に入ると静かで、

優しい人が多く、治安も良い。神楽坂で働くことが決まった時、文京区に住むと決めた。

ただ、やはり家賃は高く、家を探すのは難航した。不動産屋さんには冷たくあしらわれ諦めそうになった時、駅から少し遠い小さな町の不動産屋さんが、優しく根気よく僕に付き合ってくれた。粘った甲斐もあって、駅から近く南向きなのにベランダしか日が当たらない、家賃もそこそこの家が見つかった。

住んでみると周りの人たちは、やはり優しい人たちが多く、静かな町で交通の便も凄く良く、ますます気に入り、店をやるなら文京区がいいなと思うようになった。神楽坂で働いていて、そろそろお店をやりたいなと考えていた頃、はたして文京区でお店をやるならどこだろうと思った時、よく行ったお好み焼き屋さんがあった後楽園駅の周りがいいなと思い、仕事帰りによく自転車でウロウロしたものだった。

しかし、当時、再開発計画があり大きな区画がそこを占めており、物件がまったく見つからず、気づけば三年が経っていた。いい加減見つけなきゃなと思って、いつものように自転車で走っていると空き物件の張り紙が目に飛び込んで来た。

すぐ家内に電話して、

「明日、昼間に電話かけてみてよ」

とお願いした物件が、今のお店である。初めて文京区に来た時から、二〇年近く経っていた。その時も白山通りを通って、お好み焼きを食べに行っていた。

僕と文京区の出会いは、一人の職人のおじさんとの出会いの話であり、今もその人とはご近所様の間柄である。

神楽坂

神楽坂。正直、仕事をすることになるまで行ったことがなかった土地だ。

大人の街、食の街、フランス人の街。

そんなイメージも知らないで、ただ、行くことがなかった。実際働くことになって、飲食店の多さとレベルの高さにビックリした。

一流の料理人がたくさんいる街…。自然と肩に力が入った。

ずっと断っていたホテルのパティスリーの仕事。それでも誘いつづけてくれたキュイジニエのシェフ。その時働いていた会社のラボの移転を機に、神楽坂で働くことを決意した。イメージとは一八〇度違っていた。

ホテルのパティスリーと聞いていたのだが、ホテルの横に一軒家を建てることからはじまった。もちろん、建物のことは僕が決めるはずもなく、オーナーがオシャレに造ってくれた。自分はこの時初めて、厨房のレイアウト、機械の選定、業者との取引などを体験させてもらった。機械は今のお店より良いものを使わせてもらったりして、とても勉強になるオープニングだった。

オープンまではじっくりと時間をいただき、並べるケーキや焼き菓子の話をオーナーとよく交わした。

自分の作りたいケーキ、オーナーの造りたいお店、パッケージ。決めることだらけの日々。決定しないと一歩も前に進めない。正解か不正解かもわからない中で、もがきながら進めていく。

幸いなことに、この時、僕には右腕みたいな女の子がいた。僕を今の位置まで押し上げてくれたのは、紛れもなく彼女のおかげだ。迷った時も、失敗した時も、現状の僕の作るケーキを受け入れてくれ、それを形にしてくれた。今のお店を支えてくれている、オープン前から一緒に働いている子と共に「四人の弟子」と勝手に僕が呼んでいるうちの一人だ。一番弟子も二番弟子も三番弟子も主婦になってしまった。もちろん、他にも僕を支えてくれた人たちはたくさんいる。

皆んなに本当に感謝しています。

『ル・コワンヴェール』オープン、そして映画(16)の話

神楽坂でのシェフ生活がはじまり、順風満帆…ではなかった。坂の上の行止まりに出来たケーキ屋さんは、オープンの宣伝もせず、ホテルの知名度を頼りにはじまった。ご近所にもなかなか知られることもなく、無名の僕に取材なんかも来るわけがなく、ただ、売れ

ないケーキを作っていた。

幼稚園帰りの女の子と仲良くなったり、バレエ教室の先生にゴーヤをもらったり、超有名女優さんに怒られたり、平穏でありながらも慌ただしくはじまった。

しばらくすると取材が入ったり、一流の料理人が僕の作ったケーキを食べてくれたりして、少しずつお店や僕の存在が知られていくようになった。フランス人のマダムが週に二回位来てくれたり、地元の奥様にわがままを言われながらも、少しずつ人に認められて、僕も成長していった。

オーナーはワイン好きで、ワインを使ったケーキやシャンパンに合わせるケーキなどを作っていた。そんな日々を過ごしていると、人生でのかなりの大事件が起きた。

《映画の中のケーキの監修をして欲しい》

正直、オーナーの方針に合わないこの仕事は受けないと思っていた。なので、

「無理だと思います」

と先方に告げて、オーナーに報告した。社長室で社長、専務と話し、断る方向に話はまとまった。その日はもう遅かったので、次の日に電話で断ることになったのだが、翌朝、社長から朝一に内線で、

「映画の話、受けよう」

と突然告げられ、僕はこの先が少し不安になった。

スタッフは芸能人に会える喜びを感じているが、自分はオーナーと映画との調整が、この先大変になることが想像出来ていた。

そうこうするうちに、映画の資料集めがはじまり、ラボに助監督が取材に来るようになる。仕事が終わると神楽坂にあるロイヤルホストで、助監督と台本のケーキに関わるシーンの調整などをした。

何もかもが初めての経験で必死だった。休みもほとんどなく、家では悪い父親だったと思う。ある時、専務が僕に声を荒げた。要するに怒られたわけだ。僕が必死になるあまり、社長や専務に報告を怠っている部分があり、社長や専務の思い入れの強いお店、それを僕が好き勝手に扱っているように見えてしまったのだと思う。

僕が子供過ぎたのだ。しかし、この時の僕は馬鹿としか言いようがなく、社長と喧嘩になったしまった。

「映画の話は無しだ」

そう言われた僕は、

「映画やめるなら僕も辞めます」

と、無責任なことを言ってしまった。

話は平行線になり、まったく動かなくなり、僕も社長も困り果てている時、映画のプロデューサーがホテルに来て、社長と粘り強く交渉してくれて、僕は再び映画の監修をすることになった。後にも先にも社長の言い出した言葉を交渉で変えられたのは、このプロデューサーだけで、この人を今も尊敬している。

撮影がはじまり、通常業務（お店）があるため、ロケ地や技術指導に時間が割けない僕は母校に泣きついた。僕の通っていた専門学校は、テレビなどにも強くケーキのドラマの撮影にも関わっていた。そこで、とても優秀な先生を派遣していただくことになった。

中目黒に出来た臨時のパティスリー、《コアンドル》

神楽坂のパティスリーは、《ル・コワンヴェール》

撮影開始

撮影現場は想像以上に多くのスタッフが関わっていて、それぞれの人がプロフェッショナルで、しのぎを削って良い作品を作ろうとしていた。芸能人を見たいとちょっと浮ついた気持ちはすぐになくなり、良い仕事をしなければと先生たちと力を合わせ、朝から夜中まで動きつづけた。その撮影には、オープン当初、僕に怒った女優さんも出ていて、その女優さんがいる日の撮影は、いつもより更に緊張感が高まり、全スタッフの動きは凄かった。僕がその女優さんと普通に会話していると、周りの俳優さんやスタッフはとても不思議そうに見ていた（くだらないですが、ちょっと優越感（笑））。

そんな緊張感が張り詰めている現場だったが、楽しみはやはり食べることで、ケータリングのお昼は、最高に楽しい経験だった。

話をいただいてから、半年くらいかかったこの仕事。本当に色々な経験をさせてもらい新しい世界を見せてもらい、パティシエとしての引出しも増え、人間的にも成長させてもらった。

映画のプロデューサーや助監督やスタッフ、ホテルの社長や専務、その時僕の下にいたスタッフ。全員に感謝です。

次の冬が来た頃、映画の試写会があった。僕的には本当にいい映画で、泣きながら（泣けるシーンもあるんです）観ていた。エンドロールに僕の名前が大きく流れた時、その時一緒に頑張ってくれたスタッフの名前が流れて行く時、胸にグッと来るものがあった。

クリスマスが過ぎ、バレンタインが終わり、三月に映画が公開された。僕は試写会へ二回行ったので、チケットを買って三回目を観た。

映画のこともあり、取材もドンドン増え、忙しい日々がつづいていた。このままお店は順調に売上げが伸びて、オーナーにも「映画をやって良かった」と言ってもらえるかなと、思っていたら、大地震が起こった。

営業中のお店の中からお客様には表の公園に移動してもらい、二階の食材庫に行くとお酒の瓶が割れていた。その日、横浜に住んで居たスタッフは、家に帰るのに大変な思いをして次の日は休んだ。スタッフたちは、不安で心が不安定になっていた。あの時は、日本中がそうであった。

家族は、卒園式から新学期まで関西の親元へ。僕は一人静かな部屋で寝ていた。そう言えば、地震のあった夜も社長と喧嘩をしていた。あの時は、震災のことの重大さを二人ともまだわかっていなかったのだ。

物件探しと店づくり

自分のお店をはじめたいと漠然と考えたのは、オープンから三年以上前、なんとなくネットで調べて不動産屋さんに声をかけたりして、なんとなくという感じで探していた。その時に、相場感や物件の動きなどを感じていたのだと思う。

オープン一年くらい前から物件を見に行き、具体的に動き出した。

電力が足りる物件か、商売に向いている物件か、施工業者や機械屋さんと一緒に見て話し合ったりしていた。仕事帰りに自転車で走り回り、後楽園駅周辺の空き物件を探していた。前述したが、オープン前の後楽園駅周辺は再開発前で、大きな区画が動かないエリアになっていた。そして駅の反対側は、東京ドームシティーや小石川後楽園。僕が物件を探せるエリアは、じつはかなり限られていた。

自分が住む家を探す時も、

「○○の五丁目で」

と不動産屋に呆れられる範囲の狭さで探して住んでいたが、店探しもそんな理由もあり難航した。

やっと見つけた物件も価格が高過ぎたり、とてもお店が成り立つとは思えないくらい人通りがなかったり、気に入って申し込んでも他の希望者に負けてしまったり、なかなか前に進まない日々だった。

そしてある日の夜、第3章で書いた今のお店の物件を見つけた。いつも通り物件を探しながら自転車で走っていたのだが、普段は白山通りを渡ることなどなかったのに（土地勘がある人はこの物件を探している狭さに呆れると思う）、何かの運命だったのだろう。交差点を渡って、いつもは遠目に見ていた反対側の通りを自転車で走った。そこにA4サイズで電話番号が書いた物件の紙が貼ってあり、その場で家内に電話して、翌日問い合わせてもらうことにした。

正確には覚えていないが、不動産屋さんにすぐに物件を申し込んだのだと思う。大家さんが神楽坂のお店に食べに来て、その時の物件のライバルだったバーより僕を選んでくれたと不動産屋さんから聞いたと思う。

無事に契約が出来、公庫の借入の審査も通り（公庫にも三年前から通っていたので早かった）、次は施工だと、意気込んだのだが施工業者も忙しく、なかなか工事がはじまらない。

二カ月のフリーレントはもらったものの、その期間には間に合いそうになく、資金に限りがある自分としては（皆さんそうだと思うが）、けっこう焦っていた。自分の力ではどうしようもなく、ただ時間だけが過ぎていった。

機械屋さんの大久保さん（大久保商会）に相談して、施工業者さんと話を進めてもらい他の現場と並行して施工をはじめていただき、なんとかスタートを切った。

この時僕は、まだ前職の神楽坂で働いていたのだが、一つは生活費のために働かせてもらっていたこと、もう一つは代わりのシェフが見つかっていなかったことが理由であった。そういうわけで施工ははじまったのだが、現場にはまったく行けず、当時は家内が現場監督みたいに施工業者と話し合いながら進めていた。

時折、仕事中に電話が鳴り、

「窓の大きさどうする？」

と聞いて来るが、現場のようすがまったくわからないので適当に答えたり、「任せる」の一言で済ませたり、休みの日に施工現場を見に行って思っているより良かったり、まったく違うようになっていたりと、日々がドタバタで、子供たちには迷惑をかけていると感じていた。

お店が順調に完成に向かって行くなか、スタッフの募集のことが不安でたまらなかった。物件が決まって神楽坂の会社に退職の意向を伝えたあと、お店にいた販売員のアルバイトの子と新入社員の一八歳の女の子に声をかけた。今思えば必死だったとはいえ、会社によく怒られなかったなと思う。自分としては気を遣ったつもりで、なるべく主戦力には声をかけないようにと迷惑にならないようしたつもりだが、実際にはスタッフの引抜きだ。当時、それを受け入れてくれた料飲部長には感謝している。

二人は、すぐに僕のお店について来てくれることを受け入れてくれた。この二人がアヴランシュ・ゲネーの最初のスタッフで、販売スタッフの平田さんがゲネーの販売の根本を作ってくれた。

家内はケーキを売ることにまったくの素人で、子供が出来てからは専業主婦をしていた。僕も販売に関しては素人に近く、当時は彼女に頼りっきりだったが、彼女もそれに応えてくれて、たくさんのお客様が彼女についていた。今でも、これだけの仕事をしてくれた彼女に感謝をしている。もう一人の一八歳の子は、今も僕を支えてくれている、なくてはならない存在になっている。

お店の完成が僕の予定していた時間よりかかってしまい、二人のスタッフに声をかけていたのだが、まだ働く場所を用意出来ていなかった。しかし、ありがたいことに当時の神楽坂の料飲部長が、雇用出来る体制が整うまで「どうせ神楽坂でも人が必要だから」と、彼女らの雇用をつづけてくれた。

いずれにしてもこの時はまだ二人しかスタッフが居ないので、なんとなくあと二人は雇いたいなと考えていたのだが、まったく誰も応募して来ない。お店の完成が近づくにつれその現状が重くのしかかる。厨房が完成して一人目の子が神楽坂から働きに来た。ずっと焦っている僕と何を考えているかわからないが、なんとかなると常に思っている家内は、彼女の笑顔を見て救われた。しかし、厨房は出来ているが電気（動力）がまだ来ていなかった。暑い夏の時期だったが、クーラーも使えず厨房でご飯を食べて、発注業務などをしていた。ありがたいことに、この時期に取材をいただき喜んでいたが、電気がなくオーブンも使えずケーキが作れず、違う厨房を借りて前日に焼いて取材対応をしたりしていた。

電力が入り動き出しても相変わらずスタッフが集まらず、二人で仕事をはじめた。全然仕事が進まず夜中に二人で、

「休憩、五分座ろう」

と牛乳ボックスに座っていたら、気づけば眠ってしまっていたなど二人の思い出は幾つかある。

販売スタッフの平田さんが来て（店舗の完成の方が遅かった）、設備もマニュアルもないところから家内と話し合い、販売方法や接客の流れを決めていた。何もわからない僕たちに必要な備品などを提案して、買い出しに行ってくれた。

元上司にレセプションに来ていただくために電話をすると、忙しくてなかなか来られそうにないとのことだった。その時、じっくり時間をかけて準備するようにアドバイスをもらい一カ月以上の時間をかけることにした。

その後、フラッと人が訪ねて来て、後に吉祥寺のショコラトリーの初代シェフになる子が手伝ってくれることになったり、昔一緒に働いていた人たちがスタッフをまわしてくれたり、元上司が自分のお店をはじめるまでと手伝いに来てくれたり、厨房は少しずつ活気づいていった。

レセプション

オープン数日前には、神楽坂から手伝いに来てくれたり、元スタッフが来てくれたり、終わらない日々を過ごしながらも楽しくやっていた。この手伝いに来ていた元スタッフは、レセプションの次の日にお願いして社員になってもらった。僕の気遣いが足らず、彼女はすぐに辞めてしまったが、今では和歌山で有名なお店をやっている。

他にもたくさんの人に手伝ってもらいながら、レセプションの日が近づいて来る。もちろん、レセプションなんてやったことがなく、二〇〇枚くらい（たぶん）招待の手紙を出したものの、どれだけ人が来るのかわからない。

当時一緒にお仕事をさせてもらっていた会員制のレストランのオーナーが、サービススタッフ一人とスパークリングワイン一二本を当日用意してくれた。知人に料理をお願いして、自分たちで他の飲み物を用意して、当日、お昼ご飯を食べてお客様を迎えるために掃除をしていた。すると、時間前に心配して目白の元上司が訪ねてくれた（業界の有名人です）。

スタッフは皆んな緊張して固まり、僕も来てくれたことにあたふたしたが、このままレセプションはスタートした。

正直、この時から終わるまでほとんど記憶がない。

予想を超える来客で、人生でこんなに挨拶をしたことがあるだろうかというくらいずっと走り回って挨拶をしていた。お酒はほとんどなくなり、皆んなが楽しそうに飲んで食べて、他にあまり見たことがないくらい盛況のうちに終了した。店の前の通行人はワインバーでもオープンしたと感じたと思う。スタッフたちとただただビックリしたことだけ覚えている。

片付けを終えて自転車で帰路に着くと、途中のフーゴー[17]で二次会をやっている人たちを見つけて合流した。本当にレセプションをやって良かったと思う。

そうそう、レセプションとオープンの時、数え切れないくらいのお花をいただいこと、これがうれしかった。お店の中にも外にも置き切れず、毎朝片付けながらお店をやっていたことを覚えている。

『アヴランシュ・ゲネー』オープン

オープンしてからほんとうの忙しさがはじまった。それまで忙しくて何も出来てない日を過ごしていたが、オープンするとそれどころではなく、ただただ時間が足りなかった。

オープン前日の夜、レジの横で話し合っていたら、背後に人の気配。元上司が心配して見に来てくれた。

「釣り銭の用意は大丈夫か？」

など色々とアドバイスをしてくれ、帰っていかれた。

オープン当日。

数人の業者さん、何人かのパティシエが手伝いに来てくれた。この時、愛知から駆けつけてくれた『カレット洋菓子店』の水谷さん本当にありがとう。

オープンまであと一時間くらいの時、元上司がまた来てくれて、重たい袋を「ドン」という音をさせてテーブルに置いた。

「釣り銭はそれじゃ足りねーよ。貸してやる」

そう言って立ち去って行った。

言われた通り、オープン二日目の日曜日には釣り銭が足らなくなり、助かった。

一日目は山の上ホテルの先輩の正平さんが来てくれて、二日目は正平さんが後輩の堤くん（立川で『パティスリー・ジンケ』を現在やっている）に声をかけてくれて何とかオープンセールを乗り切った。

二日目の夕方、堤くんが
「給料安くていいので僕手伝いますよ」

と最低賃金を遥かに下回る額を自ら言って、従業員になると申し出てくれた。この漢気に応えないわけにはいかず、

「もう少しちゃんと給料出すからお願いします」

と四人目の社員を迎え通常営業へ向けてスタートした。

オープン後はとにかく忙しく、駆け抜けるだけの日々だった。

八年の間に、色々と経験させてもらった。他のお店のコンサルをさせてもらったり、東京や地方で講習会をさせてもらったり、上海や台湾に呼んでもらったりと。

まだまだ色んな体験をしたいと思っている。

第4章
アヴランシュ・ゲネーの現在地とこれから

先日、オープンして八周年を無事に迎えることが出来た。

今、僕は、アヴランシュ・ゲネーは、どんな地に立っているのだろう。

お客様にほんとうに愛されている店か。

スタッフも、気持ちよく働いているか、いろいろ思うことはある。

それでも今まで、大きなトラブルもなく、今日までやって来られたのは、きっと何かが伝わり認められたのだろう。

僕のケーキの考えは

まず、そのケーキに自分がいるかだ。

他人から見れば見たことがある、誰かの真似。そう見えたとしても、そのケーキのどこかに自分を存在させようと考えている。もちろん、基本的な考え方もある。

味の対比を考えて食べやすくすること。酸味の代わりに、苦味、アルコールの強さ、それらを使って食べやすく甘さを切る。ケーキ全体の水分量を多くして喉越しを良く出来れば、飲み物がなくても一つペロリといけるくらいに。

ウチのケーキを食べて、甘さが控えめと言う人もいるが、糖度を低くしているつもりは全然ない。味の対比を使って、水分量を多くして感じにくくしているだけだ。甘さを控えたら味なんてわかりにくくなり、どのケーキを食べても同じになってしまう。

水分量を増やすと言っても、それは水を増やすわけではなく、フルーツピューレを増やして味はより濃くなるようにしたり、カカオを煮出してケーキに加え、カカオ感を強くしたりして、水っぽくはならないように考えている。

そしてもう一つ。

食べやすさを追求するために、どれだけ空気を含ませるか。そしてその含ませた空気をどれだけ残せるかにこだわって作っている。そのためには時間のかかってしまう仕事もたくさんある。

しかし、これらを全部含めた時に、アヴランシュ・ゲネーのケーキになるのだと思う。これらを手を抜かずにやることが、今のお店の一番大事なことになっている。素晴らしい飾りも、珍しい組合わせも、ウチのお店ではなかなか見ることは出来ないが、常連様がたくさんついてくれたことは、このことを感じてくれている方がちゃんといてくれるんだと、心の励みになっている。

スタッフたちのこと

お客様を満足させること。お客様に美味しいと言っていただくこと。

それはとても大切なことだと思う。

だけど、僕にとってまず納得させたいと思うのは、僕の店のケーキを誰よりも食べていて誰よりも詳しいスタッフたちだ。僕のケーキを食べて、僕のお店で働きたいとまで思った人たち。そのスタッフたちに食べたいと思わせたい、美味しいと思わせたい、他の人たちに食べさせたい（紹介したい）と思わせたい。

スタッフにそう思ってもらうことは、お客様よりも身近である分、ハードルが高いと言える。いつも通りやると飽きられてしまう。力を込め過ぎると仕事が増え過ぎてしまう。

しかし、その壁を越えた時、良いケーキが作れたと思える。従業員なんだから、聞けば「美味しい」と美味しくなくても言ってくれる。だけど、スタッフたちが家族に友だちにケーキを購入しているのを見る時、本当に作っているケーキを気に入ってもらえたんだと感じる。

その先に、心からお客様にケーキの説明をし、伝えたい、食べて欲しいと接客をする姿があるのだ。お客様も、そういう人たちからケーキを買いたいと思っていると、僕は考えている。

これからやってみたいこと

すでにはじめていることだが、チョコレートに関しては、ビーントゥーバーに今より力を入れて、カカオをより感じられるケーキを作りたい。そしてそれが出来たなら、カカオ豆の使う種類を今より増やし、それぞれのチョコレートを使ったケーキに自分が作ったカカオを使い、よりアヴランシュ・ゲネーでしか食べられないチョコレートのケーキを作りたい。

そしてもう一つ。

香辛料を今より上手く使いこなしたい。パティシエは、料理人に比べてどうしても香辛料に触れる機会が少ない。香辛料を使い主素材の香りをより引き立て、鼻から抜ける香りを豊かにしたい。

もう一度来店していただき、ウチのケーキを買ってもらうためには、食べた瞬間の美味しさも大事だが、食べて飲み込んだ後にもつづく鼻の奥に残る香りが豊かで、もう一口食べたくなる気持ちを起こさせることも大事だと思う。それが、それぞれのケーキで、それぞれの香りで表現出来たなら、ウチのケーキはもう一段階上の美味しさになれると思う。そのためにはまだまだ自分の成長が必要だが、そのための努力はずっとしている。徐々には出来ているとと感じている。

もっと深く、もっと洗練された香りを手に入れたい。

僕よりゲネーを知っている人たち──謝辞にかえて

ゲネーがオープンする一年前から一緒に働いている、出会った時一七歳だった少女は、今は僕にとって、お店にとってなくてはならない人になっている。この子が、普段僕がオスギと呼び誰よりも信頼している杉本だ。

僕は一年前、いや、もっと昔に作ったケーキはほとんど忘れてしまっているほど、記憶力が怪しい。ルセットも今は一つももっていない。過去のケーキをもう一度作ったり、ブラッシュアップするには、彼女がいなくては何も出来ない。ゲネーの味の再現には彼女の力がどうしても必要だ。

そんな彼女は、ゲネーを誰よりも愛してくれて、ゲネーのために日々努力してくれている。味や飾り、ゲネーらしさ。それらを体現しているのは、僕だけでなく彼女のフィルターも通過している。僕が試作したケーキに、彼女が何か納得していなそうなら、僕は凄く気になり、もう一度考えてみる。そのまま店に出すことも、もちろんあるが、必ず再考してみる。お客様に対してもそうなのだが、彼女に対して恥ずかしいケーキは作りたくない。彼女にとって魅力が感じられないケーキは、きっとゲネーのことをよく知っているお客様にも、魅力を感じてもらえないと思う。

彼女は、誰から見てもゲネー1のスタッフであり、ゲネー1のお客様だ。彼女がいてくれたからこそ、どんなに辛い時も一人ではないと思えて、乗り越えられた。家族以外にこれほど、心の支えになってくれる人がいることは、ほんとうにありがたいことだと思う。

もちろん、彼女以外にもたくさんのスタッフに支えてもらってきた。二六歳になった彼女の成長。八歳になったゲネーは彼女の成長と共にあったと思っている。

オープンの時、すべての責任は自分にあると言って、色々なモノを抱えてくれた一八歳の少女。絶対に今のゲネーは、彼女の努力によって完成しているものだと思う。僕のやり

たいことを力の限り支えてやってくれた。この場を借りて言うのも変だけど、

「ありがとう」

と伝えたい。

彼女のお父さんにもオープン時から気にかけていただき、職人として、経営者として、時間を割いてお話を聞かせてもらい、今も周年近くには、訪ねて来ていただき、お祝いの言葉をかけてくださる。

家族をあげて、ゲネーを支えてくれていることにも、

「ありがとうございます」

と伝えたい。

たくさんの人にお礼を伝えたいのだが、どっぷり僕に浸かってくれた（勝手に僕が言っている）四人の弟子。

彼女、杉本は四人目のお弟子さん。

三番目の弟子についても、少し書かせてもらいたい。ゲネーをはじめる二軒前のお店に入ってきた嘉藤さん。まだ全然無名で雑誌なんかに出してもらえたこともなく、ぬるま湯に浸かっていたような僕。

「今度、神楽坂でオープンする店に行くんだけどついてくる？」

と勇気を出して聞いてみると、ついて来てくれるという。神楽坂の丘の上に建物が完成した時、何もない厨房で嘉藤さんがいてくれたことは、とても心強かった。

その後、雑誌に出してもらえたり、テレビや映画の仕事をこなせたりしたのも、今の僕になれたのも、嘉藤さんのお陰だと思う。ほんとうは、すぐに逃げ出したい僕を心から支えてくれて、とても感謝している。


もう一人、六年間僕のお店で働いてくれた、なかなか自分を見せない河野さん。色々と思い悩み僕が落ち込んでいる時に、

「誰が一番上霜さんを好きかゲームやりましょう。まあ、わたしが一番ですけどね」

と言ってくれたあの一言が、僕が立ち直るキッカケになった。君は覚えていないだろうけどね。君がいなかったら、君の先輩の彼女もきっと耐えられなかったと思う。僕は君が六年間いてくれたことに、とても感謝している。

その他にも、ほんとうに人に恵まれて、まだまだ返せていない僕ですが、「いつでも顔が出せる場所がある」、そんな場所にゲネーを育てつづけて、皆んなの場所として守りつづけたいと思っている。ここには書けなかった、僕をゲネーを支えてくれた皆んな、いつでも顔を出して下さい。来てくれたその時、顔には表情が出てないかもですが、ちゃんと喜んでいます。その時、言葉のチョイスを間違えて余計なことを言ってしまうかもしれな

いけど、ほんとうに皆んなに会えることがうれしい。

たくさんの人たちに、ありがとう。

そして、もし余力があるなら、小さなチョコレート用のお店を持ちたい。小さなショーケースにチョコレートのケーキだけを並べて、その横のショーケースにボンボンショコラ、小さな棚に少しの焼き菓子、お店から見えるラボからは、チョコレートを作る香りがお店まで香り、その奥で僕はカカオ豆に包まれて働いている。

チョコレートを作って、そのチョコレートでケーキや焼き菓子、ボンボンショコラを作る。自分が作りたい美味しさを、ただただ味見を繰り返しながら作る。昨日と味が違っても、昨日よりさらに美味しければそれでいい。そんなケーキ作り、チョコレート作りがしたい。

「そんなこと当たり前じゃないか」

と思う人も多いと思う。だけど、お客様は、

「味が変わった」

「前の方が美味しかった」

とにべもなく思うだろう。それは普通のことなんだけど、だから僕は味がブレないように作ろうとする。でも、その瞬間に思いついてしまったら、

「こうした方がもっと美味しい」

という本能に従って作りたい。それを当たり前に出来るお店を、カカオ豆という僕がま

だあまり慣れていない食材で表現してみたい。毎日毎日、「もっと美味しく」、それだけを考えて作ることが出来たら職人として幸せだと思う。

今現在、カカオ豆という食材は、僕を成長させてくれていると思う。この歳になって成長をわかりやすく感じられることは幸せだ。

PATISSERIE

AVRANCHES GUESNAY

Recueil recetes

応用パーツ

●コンフィチュール フランボワーズ

冷凍フランボワーズ ブリゼ	1000g
フランボワーズ	500g
グラニュー糖①	825g
ペクチン NH	19.5g
グラニュー糖②	300g
水あめ	100g
ハチミツ	80g

●グラサージュ フレーズ水 450g

水あめ	116g
フレーズ ピューレ	78g
ハローデックス	110g
グラニュー糖	168g
ペクチン NH	16g

●ビスキュイ ジョコンド

570*370mm 3枚分

アーモンド パウダー	375g
粉糖	375g
全卵	500g
卵白	325g
グラニュー糖	75g
薄力粉	100g
バター	75g

●サブレ

バター	80g
粉糖	50.3g
全卵	26.5g
アーモンド パウダー	16.8,g
薄力粉	133.3,g

●クレーム パティシエール

牛乳	1000g
バニラの鞘	0.5本
バニラ ペースト	1.5g
冷凍卵黄（20% 加糖）	300g
グラニュー糖	160g
プードル ア クレーム	140g
バター	100g

●クレーム シャンティ

生クリーム 42%	100g
グラニュー糖	9g

●ムラング

卵白	100g
グラニュー糖①	100g
グラニュー糖②	100g

●ビスキュイ デリス 570*370 2枚分

アーモンド パウダー	600g
粉糖	600g
全卵	600g
卵白	180g
グラニュー糖	120g
コーンスターチ	126g
バター	450g

●フランジパンヌ

クレーム パティシエール	2000g
バター	1000g
グラニュー糖	1000g
全卵	1000g
アーモンド パウダー	1000g

●ジュリフィ フレーズ

イチゴ	480g
冷凍ストロベリー ホール	480g
グラニュー糖	144g
レモン果汁	40g
グレナデン シロップ	20g
板ゼラチン	5.2枚

● 30ボーメ シロップ

グラニュー糖	100g
水	100g

タルト ショコラ シトロン プラリネ

●サブレ
応用パーツ参照

●ピストレ

ショコラ 61%	70g
カカオバター	30g

●アパレイユ ø12cm 8台分

生クリーム	152.6g
ショコラ オ レ	151.9g
全卵	50.7g
卵黄	23g
バター	17.2g

●ジャンドゥージャ 8台分

自家製ヘーゼルナッツ ペースト	60g
ショコラ オ レ 40%	60g

●クレーム シトロン 8台分

全卵	6.4個
グラニュー糖	288.9g
レモン ピューレ	134.2g
レモン果汁	134.2g
バター	724.1g
板ゼラチン	1.9枚

●ムラング シトロン 8台分

冷凍卵白	78g
グラニュー糖	36.4g
転化糖	36.4g
水あめ	31.6g
板ゼラチン	1.9g
レモン ピューレ	8g
パティス	7.2g

●ジュリエンヌ
レモン果皮
30ボーメ シロップ

ムース オ ショコラ ノワゼット

●ビスキュイ ショコラ、サンファリーヌ
570*370mm 3 枚分

卵白	120g
グラニュー糖	330g
卵黄	600g
ショコラ オ レ 61%	1200g
バター	540g

●クレーム ノワゼット
4 号 *12 台 5 号 *8 台分

卵黄	264g
グラニュー糖	175.9g
生クリーム 35%	1324g
板ゼラチン	20.4g
プラリネ ノワゼット	445.8g

●フォン ド ロッシェ
4号 *1台 5号 *8台分

ショコラ オ レ	254.1g
プラリネ ノワゼット	506.4g
フィヤンティーヌ	304.2g

●ムース ショコラ
4 号 *1 台 5 号 *8 台分

卵黄	554.4g
水	411.6g
グラニュー糖	205.8g
ブラウンシュガー	205.8g
ショコラ 55%	1438.8g
生クリーム 35%	2800g

●ピストレ

ショコラ 61%	70g
カカオバター	30g

●デコレーション
ショコラ 61%

●グラサージュ ショコラ

板ゼラチン	16 枚
グラニュー糖	562.5g
トレハロース	187.5g
水	600g
ココア パウダー	300g
生クリーム 42%	300g
30 ボーメシロップ	240g
水あめ	160g
ハローデックス	40g

キャレ マロン

●ビスキュイ ジョコンド
応用パーツ参照

●アンビバージュ

30 ボーメ シロップ	100g
水	50g
フランジェリコ	30g

●シャンティ マロン　約12 台分

マロンクリーム	212g
牛乳	31.7g
生クリーム 42%	106.2g

●ガルニチュール
マロン プチ カッセ

●ムース アマンド　12 台分

牛乳	530.4g
アーモンドミルク ピューレ	414.2g
卵黄	159.1g
板ゼラチン	14.3g
生クリーム 35%	828.9g

●ムース マロン　12 台分

牛乳	40.5g
マロン ピューレ	486.7g
水	58.8g
卵黄	101.4g
グラニュー糖	261.1g
板ゼラチン	16.7g
生クリーム 35%	867g

●ムラング
応用パーツ参照

●グラサージュ ドゥルセ

ドゥルッセ	1200g
澄ましバター	480g
カカオバター	120g
ヘーゼルナッツ	200g

●デコレーション
フリュイジェル
ショコラ61%
ムラング

ムース カマンベール

●ビスキュイ デソス
応用パーツ参照

●アンビバージュ

30 ボーメ シロップ	100g
水	50g
カルバドス	30g

●ムース カマンベール
⌀15cm 約12台分

カマンベール	1000g
クリームチーズ	1000g
生クリーム 35% ①	130g
30 ボーメ シロップ	38.6g
水	139g
グラニュー糖	525.5g
卵黄	30.9g
板ゼラチン	46.5g
生クリーム 35% ②	1546.5g

●クレーム シャンティ
応用パーツ参照

●デコレーション
アーモンド エフィレ
粉糖

グリオッタン

●サブレ
応用パーツ参照

●アパレイユ　10 個分

生クリーム 35%	250g
バニラの鞘	0.1本
グラニュー糖	25g
卵黄	2個

●ガルニチュール

冷凍モレロチェリー ホール	1個ずつ

●コンフィチュール フランボワーズ
応用パーツ参照

●コンフィチュール グリオット

冷凍モレロチェリー ホール	200g
グラニュー糖	200g

●ジェリフィ パンプルムース
ø3.5cm　h7mm　78 個分

グレープフルーツ	1/2個
パンプルムース ロゼ ピューレ （グレープフルーツにピューレを加え380gにする）	
グラニュー糖	68g
板ゼラチン	10g

●ムースグリオット
ø6.5cm　h1cm　10 個分

モレロチェリー ピューレ	113.2g
水	13.6g
卵黄	66.6g
グラニュー糖	37.7g
板ゼラチン	3g
生クリーム 35%	188.7g

●グラサージュ フレーズ
応用パーツ参照

●シュトロイゼル

バター	100g
グラニュー糖	100g
アーモンド パウダー	100g
薄力粉	100g

●シャンティ カシス　約 10 個分

生クリーム 42%	125g
カシス ピューレ	25g
グラニュー糖	7.5g

●ナパージュ カシス

フリュイ ジェル	200g
カシス ピューレ	40g

●ピストレ

ショコラ ブラン	70g
カカオバター	30g

●デコレーション
ショコラ ブラン　薄く延して正方形にカットしたもの

アメリカンチェリー	1/2 個ずつ

タルト オ フリュイ

●サブレ、フランジパンヌ、クレーム パティシエール
応用パーツ参照

●クレーム ディプロマット

クレーム パティシエール	100g
生クリーム 42%	30g
コアントロー	1.2g

●デコレーション
季節のフルーツ
フリュイ ジェル
粉糖

ギモーヴ

●ギモーヴ パッション

ギモーヴ用ゼラチン	156.2g
水	750g
パッション ピューレ	1500g
グラニュー糖	1875g
トレハロース	375g
ハローデックス	187.5g
転化糖①	750g
クエン酸	15g
水	15g
転化糖②	931.2g
ココナッツ ファイン	

ケーク オ テ フランボワーズ

●ケーク　26 本分

全卵	1001g
グラニュー糖	1404g
薄力粉	1053g
ベーキング パウダー	19.5g
アールグレイ パウダー	31.2g
コンフィチュール フランボワーズ	474.5g
生クリーム 35%	501g
バター	396.5g

●コンフィチュール フランボワーズ
応用パーツ参照

●アンビバージル　26 本分

ブルターニュ産　フランボワーズ ピューレ	281g
水	140g
グラニュー糖	98g

●デコレーション
フリーズドライ フランボワーズ ブリゼ

プレッツェル

●160 個分

薄力粉	250g
強力粉	250g
グラニュー糖	25g
ベーキング パウダー	12.5g
塩	6.25g
ドライトマト	50g
水	250g
サラダ油	25g

ボンボン ショコラ

●コンフィチュール フレーズ

イチゴ	500g
冷凍ストロベリーベリー ホール	500g
グラニュー糖①	950g
ペクチン NH	5g
グラニュー糖②	50g

●ガナッシュ フレーズ ヴァンルージー
約1枚(21個)分

ショコラ 61%	68.8g
ショコラ オ レ 40%	16.5g
転化糖	10.1g
赤ワイン	45.8g
ポルト酒	12.2g
フレーズ ピューレ	30.5g
バター	15.8g

●ショコラ
ショコラ
チョコレート用色粉(赤)

ムラング シャンティ ピニャ コラーダ

●ムラング
応用パーツ参照

●シャンティ ココ

スマートホイップK	300g
グラニュー糖	30g
ココナッツミルク ピューレ	15g
マリブ	9g

●ガルニチュール
パイナップル
ネグリタラム
ミント

フレザリア

●ジェノワーズ　5号12台分

全卵（殻付き）	1650g
グラニュー糖	825g
薄力粉	825g
生クリーム 42%	165g

●アンビバージュ

30ボーメ シロップ	100g
水	50g
コアントロー	30g

●ガルニチュール
イチゴ

●クレーム シャンティ
応用パーツ参照

●デコレーション　5号1台分

イチゴ	6個
フランボワーズ	4個
フリュイ ジェル	

マカロン ピターシュ

●マカロン

全卵	156g
アーモンド パウダー	175g
粉糖	316g
グラニュー糖	78g
乾燥卵白	3.5g
色粉　メロングリーン	10 杯
(耳かきで山盛り)	
色粉　黄	4 杯
(　〃　)	

●クレーム パティシエール
応用パーツ参照

●クレーム ムースリーヌ ピスターシュ

クレーム パティシエール	200g
クレーム オ ブール	100g
ピスタチオ ペースト	30g

●クレーム オ ブール

水	50g
グラニュー糖	200g
冷凍卵白	100g
バター	300g

●コンフィチュール フランボワーズ
応用パーツ参照

●ガルニチュール
フランボワーズ
冷凍フランボワーズ

●デコレーション　5 号 1 台分

フランボワーズ	5 個
イチゴ	4 個
ピスタチオ 1/2 カット	3 個
フリュイ ジェル	

アン ノワイヨ

●ビスキュイ ジョコンド
応用パーツ参照

●ビスキュイ ダックワース　6台分

卵白	90g
グラニュー糖	5.3g
乾燥卵白	3.2g
粉糖	75.5g
アーモンド パウダー	73.8g

●ジュリフィアンノワイヨ　3台分

ホワイトピーチ ピューレ	124.8g
ライチ ピューレ	110.3g
グリオット ピューレ	58.8g
グラニュー糖	43.8g
板ゼラチン	6.9g

●ルースアマンド

牛乳	133.3g
アーモンドミルク ピューレ	104.1g
卵黄	40g
板ゼラチン	3.5g
アマレット	10g
生クリーム 35%	208.3g

●シロア ロマラン

水	50g
グラニュー糖	50g
ローズマリー	0.2g

●アンビバージュ

ホワイトピーチ ピューレ	45g
ブラッドピーチ ピューレ	45g
クレーム ド ペーシュ	2g
水	40g
シロ ア ロマラン	35g

●ムース ペーシュ

ホワイトピーチ ピューレ	131.7g
ブラッドピーチ ピューレ	131.7g
水	31.8g
卵黄	73.7g
グラニュー糖	120g
板ゼラチン	8.6g
クレーム ド ペーシュ	22.5g
生クリーム 35%	445.8g

●グラサージュ ペーシュ

水	450g
水あめ	116g
ブラッドピーチ	78g
ハローデックス	110g
ローズマリー	1g
グラニュー糖	168g
ペクチン NH	16g
クレーム ド ペーシュ	6g

●クロカン ココ

ココナッツ ロング	10g
グレナデン シロップ	5g
ブラッドピーチ ピューレ	10g

●ナパージュ ペーシュ

フリュイ ジェル	80g
ホワイトピーチ ピューレ	80g

●シャンティ ペーシュ　1台分

生クリーム 42%	138g
グラニュー糖	12.4g
クレーム ド ペーシュ	1.5g

アルブル ルージュ

●ビスキュイ ジョコンド（応用パーツとは別のモノ）570*370mm 2枚分

全卵	475g
アーモンド パウダー	356g
粉糖	285g
転化糖	28g
バター	70g
卵白	316g
グラニュー糖	47g
薄力粉	95g

●ビスキュイ ダックワース
570*370mm 2枚分

アーモンド パウダー	560g
粉糖	560g
卵白	600g
グラニュー糖	200g

●ジュリフィ フリィルージュ
570*370mm 2ガードル分

フランボワーズ ピューレ	743.2g
フレーズ ピューレ	799.2g
グロゼイユ ピューレ	1075.2g
レモン果汁	121.4g
グラニュー糖	319.9g
板ゼラチン	60.7g

●ムース フレーズ 570*370mm
2ガードル分

生クリーム35%	1527.9g
フレーズ デ ボワ ピューレ	1018.6g
フレーズ ピューレ	509.3g
イタリアンメレンゲ	873.6g
冷凍卵白	296.7g
グラニュー糖	593.4g
水	148.3g
板ゼラチン	65.4g
オー ド ヴィ フランボワーズ	304.8g

●コンフィチュール フランボワーズ
応用パーツ参照

●デコレーション
フリュイ ジェル
ブラックベリー
グロゼイユ

アンベリール

●サブレ、クレームパティシエール、フランジパンヌ
応用パーツ参照

●フォンドタルト　ø12cm　1台分

サブレ（2.5mm厚）	1枚
フランジパンヌ	100g
冷凍フランボワーズ	5個
冷凍ブラックベリー	5個
冷凍グロゼイユ	5個

●ジュリフィ フレーズ
応用パーツ参照

●ムース フリュイ ルージュ　ø15cm
15台分

フレーズ ピューレ	598.5g
フレーズ デ ボワ ピューレ	598.5g
フランボワーズ ピューレ	522.3g
板ゼラチン	66.9g
イタリアン メレンゲ	895.9g
グラニュー糖	611g
水	152.7g
冷凍卵白	305.5g
オー ド ヴィ フランボワーズ	152.3g
生クリーム35%	1565.2g

●ガルニチュール　1台分

冷凍ブラックベリー	5個
冷凍グロゼイユ	5個

●グラサージュ フレーズ
応用パーツ参照

●デコレーション　1台分

イチゴ	4個
フランボワーズ	3個
グロゼイユ	1房と3個
金箔	

フルリール

●ムース ヴィオレ　3 台分

牛乳	169.5g
バニラの鞘	0.1 本
セバロメ（香料）	0.4g
卵黄	32.5g
グラニュー糖	27g
板ゼラチン	2.9g
生クリーム 35%	169.5g

●ジュリフィ グリオット　3 台分

グリオット ピューレ	188.7g
グラニュー糖	16.6g
板ゼラチン	4.4g

●ビスキュイ ジョコンド、ビスキュイ ダックワース

アルブル ルージュと同じ

●フォンドロッシュ　3 台分

ショコラ グラン 29%	34.3g
アーモンド ペースト	68.5g
フィセンティーヌ	41.1g
カソナード	28.8g
バニラ パウダー	

●ムース アマンド　3 台分

牛乳	91.3g
アーモンドミルク ピューレ	71.2g
卵黄	27.2g
板ゼラチン	2.3g
生クリーム 35%	142.7g

●グラサージュ ヴィオレ

ショコラ グラン 29%	800g
澄ましパウダー	320g
カカオバター	80g
チョコレート用色粉	
アーモンド ダイス	133.3g

●ムラング カシス

冷凍卵白	80g
グラニュー糖	160g
水	40g
コーンスターチ	5g
カシス ピューレ	総量の 15%

●シャンティ アマンド

スマートホイップ K	100g
アーモンドミルク ピューレ	20g

●シャンティ フランボワーズ

スマートホイップ K	100g
フランボワーズ ピューレ	20g
グラニュー糖	9g

●デコレーション

エディフル フラワー

ウィエブロン

●ビスキュイ ジョコンド
応用パーツ参照

●ジュリフィ フレーズ
応用パーツ参照

●ジュリフィ ペーシュ　半球型約 10 個分

ブラッドピーチ ピューレ	184.5g
ホワイトピーチ ピューレ	184.5g
グラニュー糖	22g
板ゼラチン	8.8g

●クレーム シトロン ヴェール　約10台分

全卵	390g
グラニュー糖	357.4g
ライム果汁	926.2g
ライム果皮	6.4g
バター	390g
クレーム シトロエン ヴェール	1336g
バター	367.2g

●ムラング、クレーム シャンティ
応用パーツ参照

●デコレーション
粉糖

ヴァネッサ

●ビスキュイ ジョコンド
アルブル ルージュのジョコンドと同じ

●アンビバージュ

フレーズピューレ	30g
シャンパン ロゼ	30g
30ボーメ シロップ	50g

●ジュリフィ フレーズ

フレーズ ピューレ	157.6g
フレーズ デ ボワ ピューレ	93.5g
板ゼラチン	5.4g
グラニュー糖	33.3g

●ムース シャンパーニュ 2台分（1本分）

シャンパン ロゼ	129.5g
フランボワーズ ピューレ	65.8g
卵黄	97.9g
グラニュー糖	105.4g
板ゼラチン	5.6g
生クリーム35%	295.7g

●ビスキュイ デリス
応用パーツ参照

●ピストレ

チョコレート用色粉	100g
カカオバター	2g

●マカロン

卵白	156g
アーモンド パウダー	175g
粉糖	316g
グラニュー糖	78g
乾燥卵白	3.5g
色粉 赤2号	13杯（耳紙で山盛り）

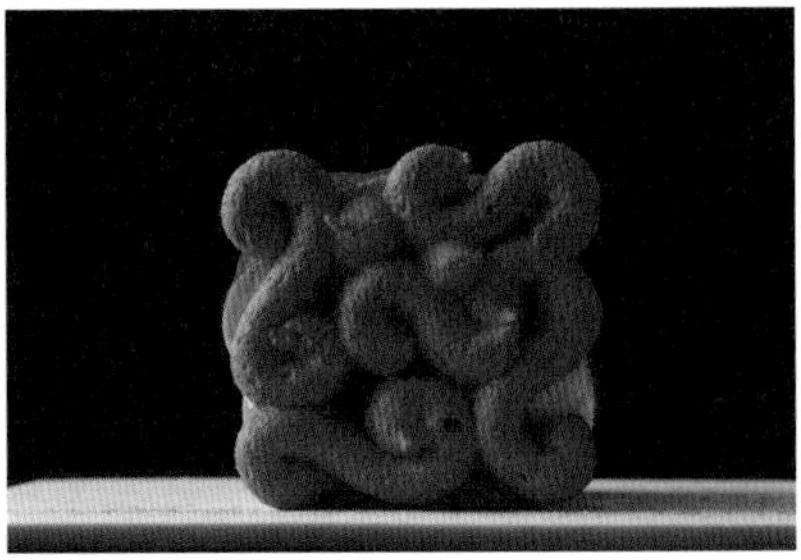

●デコレーション
アラザン

アウクセシア

●フランジパーヌ　3 台分

バター	52g
グラニュー糖	52g
全卵	52g
アーモンド パウダー	26g
ココナッツ ファイン	26g
クレーム パティシエール	104g
マリブ	2.6g

●フォン ド タルト

パイナップル（1cm 角）
カソナード
マリブ→焼き上がり

●アンビバージュ　3 台分

パイナップル ピューレ	117.4g
グラニュー糖	11.7g
ネグリタ ラム	6.5g

●キャラメル マングー

生クリーム 35%	100g
ハローデックス	130g
マンゴ ピューレ	100g
グラニュー糖	150g
バター	90g

●ジュリフィ パッション オランジュ

パッション ピューレ	166g
オレンジ ピューレ	117.8g
グラニュー糖	42.3g
板ゼラチン	6.7g

●ムース アナナス　φ15cm　3 台分

牛乳	80.5g
パイナップル ピューレ	161.2g
卵黄	80.5g
グラニュー糖	24.1g
板ゼラチン	7g
ブランサタン	161.2g
フランジュリコ	16g
生クリーム 35%	403.5g

●ナパージュ マント

フリュイ ジェル	800g
水	150g
ドライミント	

●シャンティ ココ

スマートホイップ K	100g
グラニュー糖	10g
ココナッツミルク ピューレ	5g
マリブ	3g

●デコレーション

ショコラ ブラン
チョコレート用色粉（黄）
食用菊

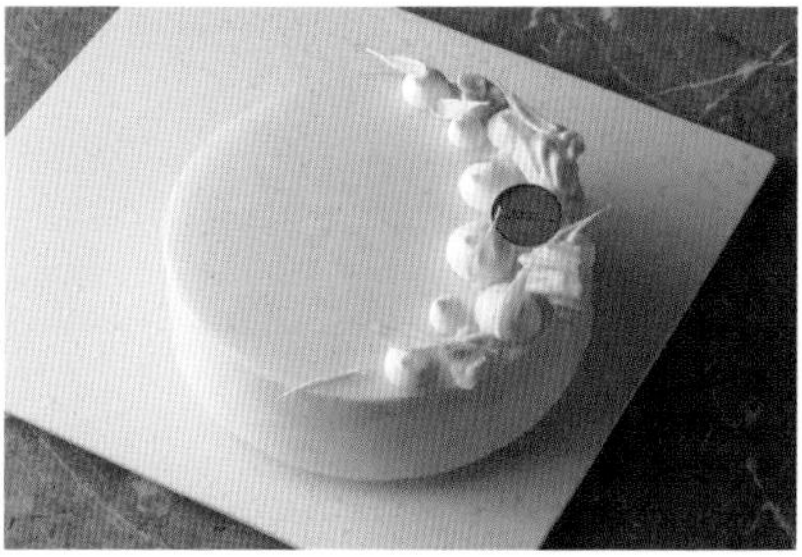

註

（1）研修
（2）販売員
（3）見習い、研修生
（4）オイルヒーター
（5）ラック
（6）ヨーロッパ各地を自由に乗降出来る鉄道チケット
（7）ソーセージのガレット包み
（8）カスタード・タルトのようなフランスの国民的お菓子
（9）タルトやパイの詰め物
（10）パイ生地にクレーム・シブーストを重ねて、キャラメルで覆ったフランス菓子
（11）ボンボンショコラの一種
（12）折り込んだパイ生地
（13）藁葺屋根
（14）二番手のシェフ
（15）スポンジ
（16）深川栄洋監督・脚本『洋菓子店コアンドル』江口洋介　蒼井優ほか　二〇一〇　アスミック・エース　日本
（17）文京区春日にあるワイン・バー

あとがき

この本のお話をいただいた時、レシピ本が出せるんだと手放しで喜んだ。

しかし、話をよく聞いてみると、

「今までの経験を本に書いて欲しく、いわゆるレシピ本などは要らない」

と言われた。

評価していただけるのはうれしいが、レシピもまったく載っていない僕の経験を書いた本など売れるわけがないとお願いして、レシピを何とか入れてもらうことになった。

僕は、僕たちパティシエは、たぶん普通の人たちの倍は働いて来たと思う。休みも少なく労働時間も長く、仕事以外にも練習してその努力を評価していただき、この本が書けることにはすごく感謝している。

だけど、僕以上に努力したパティシエがたくさんいて、まだまだ、おそらく一生かかっても越えられない先輩たちが、永遠に壁として立ち塞がっている。それがすべて嫌というわけでもない。越えられない壁があるというのは、まだ、もがき努力出来るということで、その目標がありつづけてくれるということで、天狗になることなど許してはくれない。もちろん、心からその壁を越えてみたいと思う。

目白の寺井さんは、何があっても追いつくどころか永遠に突き放されていく。久ヶ原の藤川さんは、僕の一つひとつの仕事のレベルの足りなさを永遠に感じさせる。天才たちに挑みつづける劣等生の僕は、二八年前にノルマンディーのアヴランシュの地を踏みしめた時より確実に成長しているものの、周りから見れば、進むスピードはかなり遅いかも知れない。だけど、これからも諦めずに進んで行く。僕より凄い人たちに挑みつづける。努力のみで。

この本の最初の一文を書き出した時、

「なんでこんな決断をしてしまったんだろう」

そう思っても、こうやってちゃんと書きあげたんだから、少し無理だと思う背伸びした目標を立てて、挑戦しつづけることが努力なんだと思う。

パティシエの多くが、レシピ本を出す機会があると思う。でも、こんなに自分のことを書く機会をもらえる人は少ないだろう。

喜夛さん、貴重な機会をいただきありがとうございました。

二〇二三年一二月二四日

上霜考二

PATISSERIE
AVRANCHES GUESNAY

アヴランシュ・ゲネー　フォト・アルバム

RANCHES GUESNAY

レシピに関するお問い合わせは対応いたしかねますのでご了承ください

上霜　考二（うえしも・こうじ）
1994年9月　辻調グループ・フランス校卒業後、ノルマンディーのパティスリーで修業を重ねる。1995年帰国、インターコンチネンタル東京ベイ、オテル・ドゥ・ミクニ等を経て、2005年パティスリー・ジャン・ミエ・ジャポンのシェフパティシエに就任。2008年アグネスホテル東京のパティスリー『ル・コワンヴェール』の開店と同時にシェフパティシエとして迎えられ、2015年6月までシェフパティシエを務める。2011年公開の映画『洋菓子店コアンドル』では製菓監修を務めた。
現在、アヴランシュ・ゲネー、オーナーシェフ。
https://avranches-guesnay.com/

1995年ノルマンディー、あるパティシエの原点　アヴランシュのゲネーさんに捧ぐ

二〇二四年二月一四日　初版第一刷発行

著　者……上霜考二
発行者……喜𠀋雅文
発行所……エムケープランニング
〒一一二―〇〇〇四　東京都文京区後楽一―四―一一―三〇二
発売所……株式会社 田畑書店
〒一三〇―〇〇二五　東京都墨田区千歳二―一―三―四―三〇一
用　紙……株式会社 竹尾　株式会社 富士川洋紙店
印　刷……モリモト印刷 株式会社
製　本……モリモト印刷 株式会社
DTP……石原 亮
AD……井川國彦

落丁・乱丁本はお取り替えします。ISBN978-4-8038-0414-0 C0077

Dédié à M.Guesnay d'Avranches
par
Koji UESHIMO